我創業，我獨角 no.3

#精實創業全紀錄,商業模式全攻略

UNIKORN Startup 3

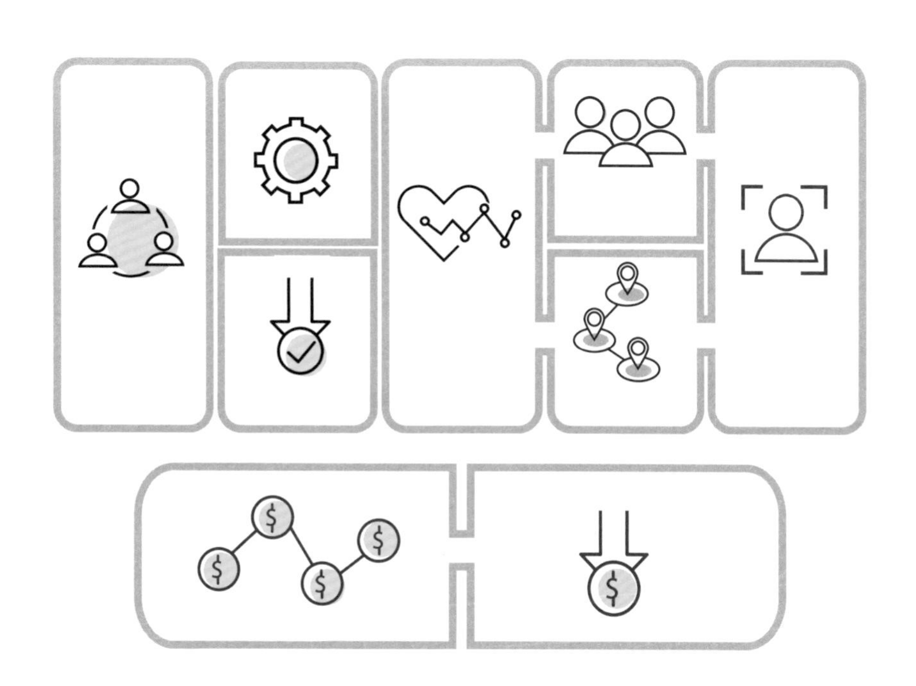

UNIKORN
Startup Island
TAIWAN
你

關於獨角

獨角文化是全台灣第一個以群眾預購力量，專訪紀錄創業故事集結成冊出版的共享平台。

我們深信每一位創業家，都是自己品牌的主角，有更多的創業故事與夢想，值得被看見。

獨角文化為創業者發聲，我們從採訪、攝影、撰文、印刷到行銷通路皆不收取任何費用。

你可以透過預購書的方式化為支持這些創業故事，你的名與留言也會一起紀錄在本書中。

序文

「我創業，我獨角」你就是品牌最佳代言人

——— 羅芷羚 Bella Luo

獨角傳媒，對我們來說，它是一個創業者幫助創業者實現夢想的平台！在經營商務中心的過程中，我們常常接觸到許多創業者，其中不乏希望分享自己的品牌/理念/創業故事的企業主，可惜在這個競爭激烈的時代下，並不是每家企業起初創業就馬上做到穩定百萬營收、或是一砲而紅成為媒體爭相報導的對象，大部分的業主常常都是默默地在做自己認為對的事情，直到5年後、甚至10年後，等到企業成功才會被人們看見。在這樣的大環境下，我們發現很少有人願意主動去採訪這些艱辛的創業者們，許多值得被記錄成冊、壯聲頌讚的珍貴故事便這樣埋沒於洪流下，為將這些寶藏帶至世界各地，獨角傳媒在2020春天誕生了！

「每一個人的背後都有一段不為人知的故事」

品牌身處萌芽期之際，多數人看見的是商品，但獨角想挖掘、深究的是創造商品價值的創辦人們。這些故事有些是創辦人們堅持的動力來源，亦或挾帶超乎預期的重大使命感，令我們備感意外的是，透過創作本書的路程中，我們發現許多人只是單純地為了生存而在這片滿是泥濘的創業路上拼搏奮鬥。

因此我們要做的，不單只是美化、包裝企業體藉此提高商品銷售量，我們要做得更多！透過記錄每一位創業家的心路歷程，讓他們獨一無二的故事可以被看見，幫助讀者在這些故事除了商品的「WHAT」，也瞭解它背後的「WHY」！

許多人會有這樣的迷思：「創業當老闆好好喔，可以作自己想作的事，工作時間又彈性，我也要創業。」然而真的創業之後，你會發現你的時間不再是你的時間，當員工一天是8小時上下班，創業則是24小時待命；員工只要按部就班每個月薪水就會轉進戶頭，創業則是你睜開眼就在燒錢，每天忙得焦頭爛額就為找錢、找人、找資源。讀完這本書後你會發現：創業真的沒有想像中那麼美好。

看到這裡，也許你會問我：「那還要創業嗎？採訪出書還要繼續嗎？」

我的答案是：「YES! ABSOLUTELY YES!」

大家知道嗎？目前主流媒體、報章雜誌，或是出版刊物中所看到的企業主其實只佔了台灣總企業體的2%，台灣真正的主事業體其實是中小企業，佔比高達98%！(註)；大型企業及上市櫃公司由於事業體龐大，自然而然地便成為公眾鎂光燈下的焦點，在這樣的趨勢下，我們所想的是：「那，誰來看見中小企業呢？」當星系裡的恆星光芒太過強大時，其他星星自然相對顯得黯

淡失色，然而沒有這些滿佈夜辰的星星，銀河系又怎麼會如此浩瀚、閃亮？獨角傳媒抱著讓大家看見星河裡的微光(中小企業主)的理念出發，希望給大家一個全新的視角環顧世界。

不可否認的是，初期我們遇到相當多的挫折跟挑戰，但因為有想做的事情，有想幫助創業者的這份信念，所以儘管是摸著石頭過河，我們仍會堅持走對的路，直到成功渡過腳下湍急的暗流。

如果有讀者認為讀了這本書後便能一「頁」致富，那你現在就可以闔上這本書；獨角在這本書想做到的是透過50個精實成功創業者的真實故事，讓大家意識到所謂的困難其實有路可循，過不去的坎也沒有這麼多，我們希望這些創業故事能成為祝福他人的寶典！

「我創業，我獨角」它可以是你的創業工具書，又或者是你親近創業真實面向的第一步，更讓你有機會搖身一變成為自有品牌最佳代言人，改變就從現在開始！

獨角傳媒，未來會成為一個什麼樣的品牌呢？我們相信它是目前全台第一個擁有最多企業專訪的直播平台，當然未來亦會持續增加；除此之外，我們亦朝著社會企業的方向邁進，獨角近來與國外環保團體合作，推出名為「ONE BOOK ONE TREE一書一樹」的公益計畫，只要讀者以預購方式支持書籍，一個預購，我們就會在地球種一棵樹，保護我們所處的星球在文明高度發展的仍保有盎然、鮮明的活力。

另外，我們亦將定期舉辦「UBC獨角聚」——一個B TO B 的企業家商務俱樂部，獨角想打造出一個創業生態系，讓企業之間產生更多的連結、交流與合作契機，不再只是單打獨鬥埋頭苦幹！未來，我們相信這個平台將持續成長茁壯，也期待有更多被採訪創業故事的台灣創業家，終能走向國際舞台，成為世界級的獨角獸公司以榮耀他們自己的創業品牌，有幸參與此過程獨角傳媒真的備感榮焉！

最後，我要感謝每一位受訪的創業家，謝謝你們傾力讓世界變得更美好。值此付梓之際，我謹向你們以及所有關心支持本書編寫的朋友們致以衷心的謝忱！

將一切榮耀歸給主，阿門! Bella Luo

(註)

根據《2019年中小企業白皮書》發布資料顯示，2018年臺灣中小企業家數為146萬6,209家，占全體企業97.64%，較2017年增加1.99%；中小企業就業人數達896萬5千人，占全國就業人數78.41%，較2017年增加0.69%，兩者皆創下近年來最高紀錄，顯示中小企業不僅穩定成長，更為我國經濟發展及創造就業賦予關鍵動能。

導讀

「這是最好的時代，也是最壞的時代」期待在創業路上剛好遇見你

——— 廖俊愷 Andy Liao

本書收錄超過50家企業品牌組織的創業故事，每個故事都是精實的。不管你是正在創業或是準備創業，相信都能發現你並不孤獨，也許你也會在這當中找到你自己創業靈感。故事的內容總是感性的，但真實的商業世界卻常常給我們狠狠的上了幾堂課，世界變動的速度太快，計畫永遠趕不上變化，透過50家企業品牌的商業模式圖，讓你直觀全局，所以在你也開始想寫一份50頁的商業計畫書前，也為你自己的計劃先畫上一頁式的商業模式圖，並隨時檢視、調整、更新你的商業模式。

本書將每個故事分為 #A #B #C #D 四大模組，你可以照著順序來看這本書，你也可以隨意挑選引發你興趣的行業來看，你甚至可以以每星期為一個周期，週一看一則故事，週二~週四蒐集相關的行業資訊，在週五下班邀請你的潛在合作夥伴一起聚餐，用餐巾紙畫出你們看見的商業模式。

最後用狄更斯《雙城記》做為結尾，「這是最好的時代，也是最壞的時代」。但是，無論身處怎樣的時代，總會有一批人脫穎而出，對於他們而言，時代是怎樣的他們不管，他們只管努力奮鬥，最終成為時代的主流。

期待在創業路上剛好遇見你

Andy Liao

#A 模組

創業故事

TIP-1創業動機與過程甘苦

TIP-2經營理念及產業簡介

TIP-3未來期許與發展潛力

#B 模組

商業模式圖

以九宮格直觀呈現的商業模式圖，讓你可以同樣站在與創辦人相同高度，綜觀全局。

#C 模組

創業筆記

TIP-1 創業建議與經營關鍵

TIP-2 自己寫下本篇的重點

#D 模組

影音專訪

如果你對文字紀錄還意猶未盡，可以拿起手機掃描，也許創辦人的影音訪談內容能讓你找到更多可能性。

精實創業 人人都是創業家

精實創業運動追求的是，提供那些渴望創造劃時代產品的人，一套足以改變世界的工具。

———《精實創業：用小實驗玩出大事業》The Lean Startup 艾瑞克·萊斯 Eric Rice

精實創業是一種發展商業模式與開發產品的方法，由艾瑞克·萊斯在2011年首次提出。根據艾瑞克·萊斯之前在數個美國新創公司的工作經驗，他認為新創團隊可以藉由整合「以實驗驗證商業假設」以及他所提出的最小可行產品（minimum viable product，簡稱MVP）、「快速更新、疊代產品」（軸轉Pivot）及「驗證式學習」（Validated Learning），來縮短他們的產品開發週期。

艾瑞克·萊斯認為，初創企業如果願意投資時間於快速更新產品與服務，以提供給早期使用者試用，那他們便能減少市場的風險，避免早期計畫所需的大量資金、昂貴的產品上架，與失敗。

——— 維基百科，自由的百科全書

你正在創業或是想要創業嗎?

□ Yes　□ No

你總是在創造客戶價值，或是優化你的服務?

□ Yes　□ No

你試著探索創新的商業模式來影響改變這個世界?

□ Yes　□ No

如果你對上述問題的回答為"Yes"，歡迎加入我創業我獨角!

你手上的這本書，是寫給夢想家、實踐家，以及精實創業家，

這是一本寫給創業世代的書。

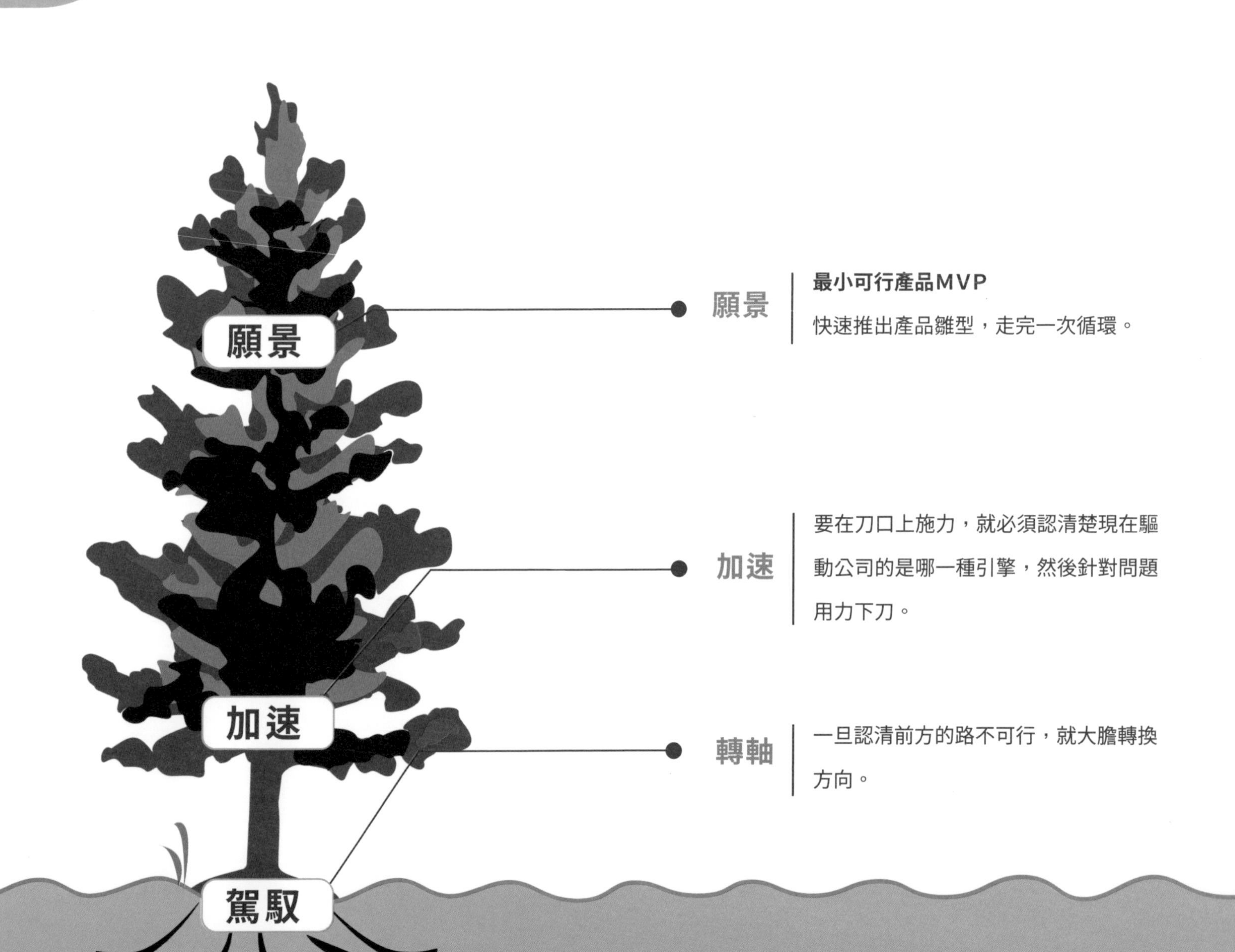
願景
加速
駕馭
願景
最小可行產品MVP
快速推出產品雛型，走完一次循環。
加速
要在刀口上施力，就必須認清楚現在驅動公司的是哪一種引擎，然後針對問題用力下刀。
轉軸
一旦認清前方的路不可行，就大膽轉換方向。

駕馭

加速

3 個成長引擎

願景

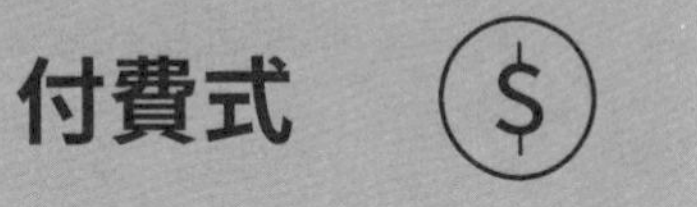

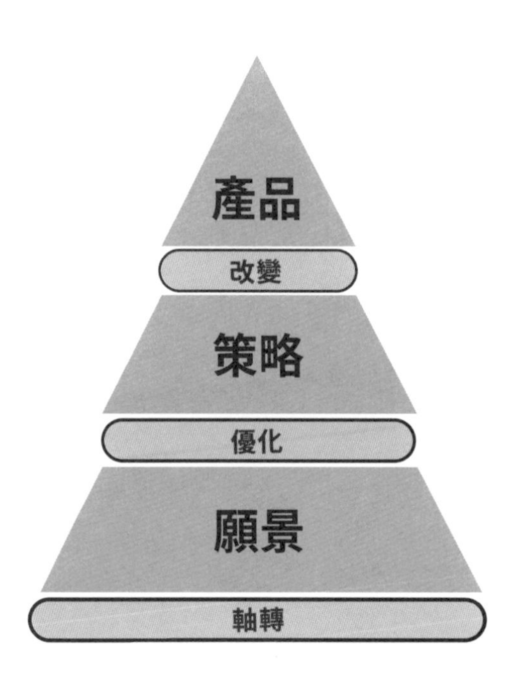

商業模式全攻略

重要合作

誰是我們的主要合作夥伴?誰是我們的主要供應商?我們從合作夥伴那裡獲取哪些關鍵資源?合作夥伴執行哪些關鍵活動? 夥伴關係的動機:優化和經濟,減少風險和不確定性,獲取特定資源和活動。

關鍵服務

我們的價值主張需要哪些關鍵活動?我們的分銷管道?客戶關係?收入流?
類別:生產、問題解決、平臺/網路。

核心資源

我們的價值主張需要哪些關鍵資源?我們的分銷管道?客戶關係收入流?資源類型:物理、智力(品牌專利、版權、數據)、人力、財務。

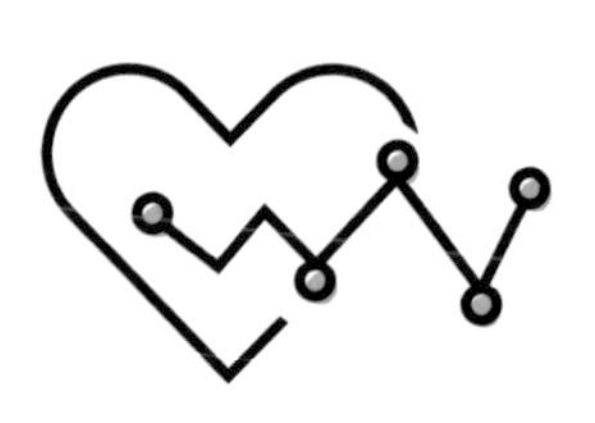

價值主張

我們為客戶提供什麼價值?我們幫助解決客戶的哪些問題?我們向每個客戶群提供哪些產品和服務?我們滿足哪些客戶需求?特徵:創新、性能、定製、"完成工作"、設計、品牌/狀態、價格、降低成本、降低風險、可訪問性、便利性/可用性。

顧客關係

我們的每個客戶部門都期望我們與他們建立和維護什麼樣的關係?我們建立了哪些?他們如何與我們的其他業務模式集成?它們有多貴?

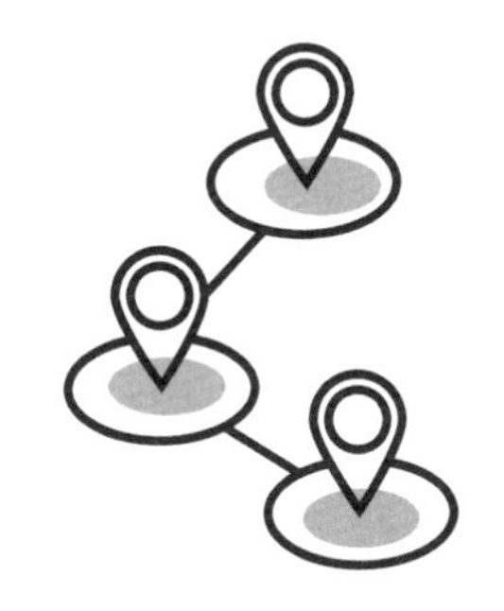

渠道通路

我們的客戶細分希望通過哪些管道到達?我們現在怎麼聯繫到他們?我們的管道是如何集成的?哪些工作最有效?哪些最經濟高效?我們如何將它們與客戶例程集成?

客戶群體

我們為誰創造價值?誰是我們最重要的客戶?我們的客戶基礎是大眾市場、尼奇市場、細分、多元化、多面平臺。

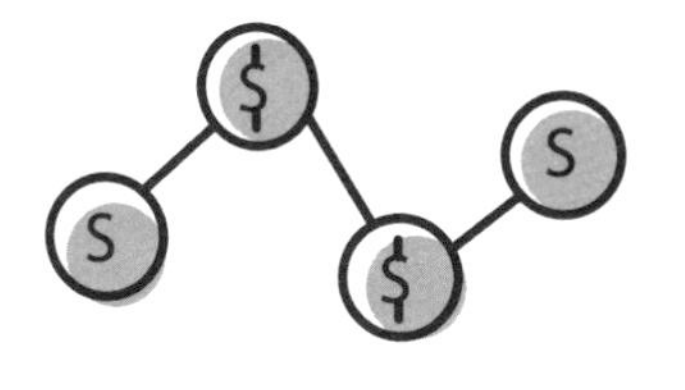

成本結構

我們的商業模式中固有的最重要的成本是什麼?哪些關鍵資源最貴?哪些關鍵活動最貴?您的業務更多:成本驅動(最精簡的成本結構、低價格價值主張、最大的自動化、廣泛的外包)、價值驅動(專注於價值創造、高級價值主張)。樣本特徵:固定成本(工資、租金、水電費)、可變成本、規模經濟、範圍經濟。

收益來源

我們的客戶真正願意支付什麼價值?他們目前支付什麼?他們目前如何支付?他們寧願怎麼付錢?每個收入流對整體收入的貢獻是多少?

類型:資產銷售、使用費、訂閱費、貸款/租賃/租賃、許可、經紀費、廣告修復定價:標價、產品功能相關、客戶群依賴、數量依賴性價格:談判(議價)、收益管理、實時市場。

商業模式圖

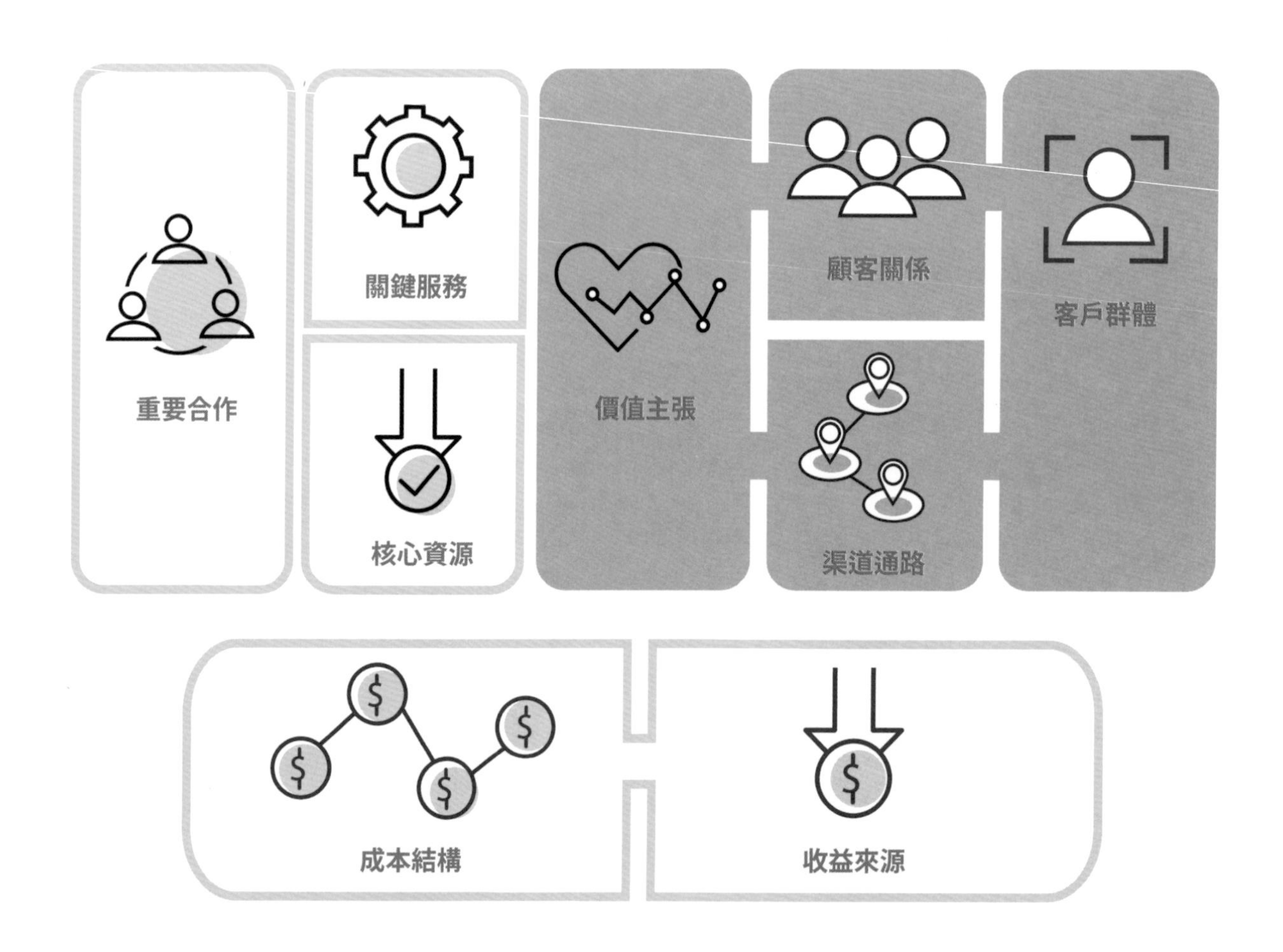

99%的商業模式都有人想過 差異是每天進步1%的檢視驗證調整

為誰提供

客戶區隔

如何提供

通路通道 (客戶關係)

提供什麼

價值主張

如何賺錢 收入來源

(核心資源、關鍵活動，主要夥伴，成本結構)

創業TIP

- **幫助企業主本身再次檢視釐清整體商業模式。**
- **幫助商業夥伴快速了解企業前瞻與合作可能。**
- **幫助一般讀者全面宏觀學習企業經營之價值。**

商業模式圖是用於開發新的或記錄現有商業模式的戰略管理和精實創業模板。這是一個直觀的圖表，其中包含描述公司或產品的價值主張，基礎設施，客戶和財務狀況的元素。它通過說明潛在的權衡來幫助公司調整其業務。

商業模型設計模板的九個“構建模塊”（後來被稱為商業模式圖）是由亞歷山大·奧斯特瓦爾德[Alexander Osterwalder 於2005年提出的。

——— 維基百科，自由的百科全書

目錄

Chapter 1

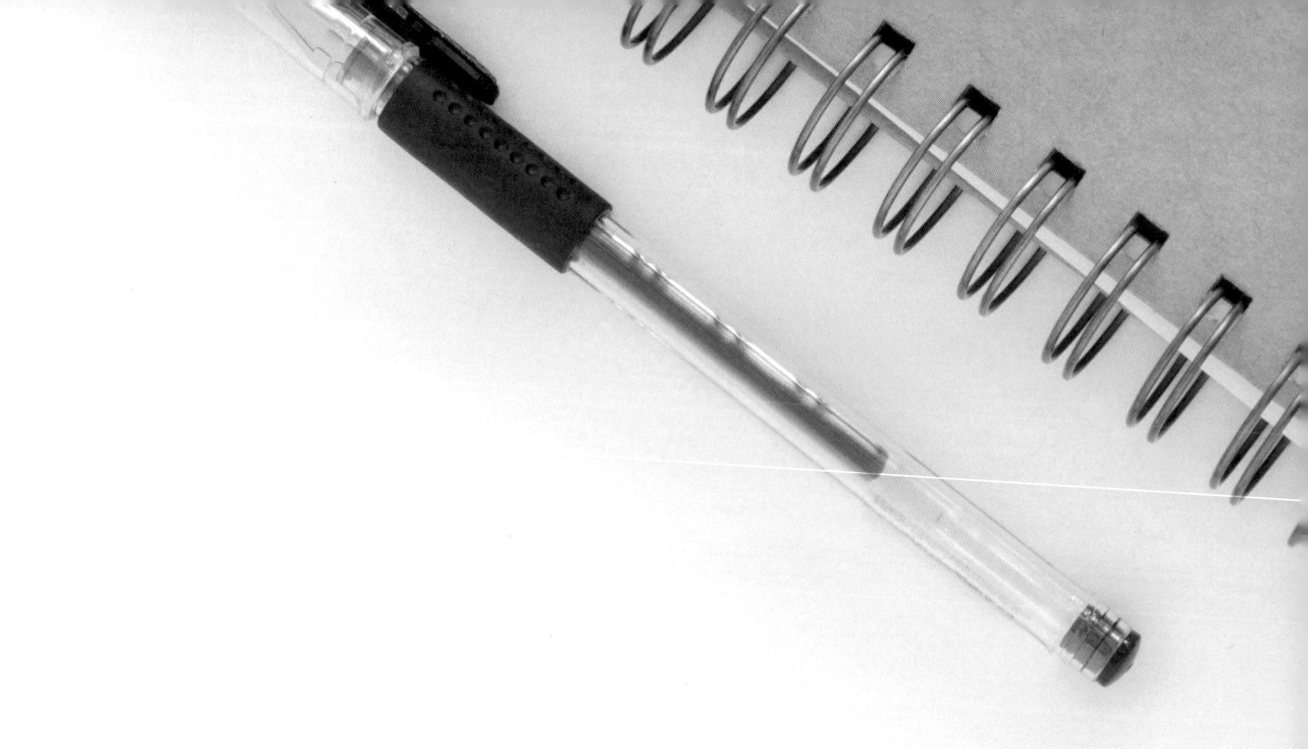

#A 享時空間

打破辦公室隔間！創造新職場環境

ShareSpace

羅芷羚 Bella ，享時空間共同創辦人，她身著黑色套裝披著一頭長髮，輕靠在鵝黃色的沙發扶手，準備開始今天的訪談。然而從她眼裡卻透露出企業家獨有的犀利。談起「為何會開始創業？」Bella 神情專注地回答：「我們想將不同的場域帶入台灣，並打破業主對辦公環境的既定印象。」由於長年身在國外擔任企業講師，Bella 對於共享空間的概念早有接觸，她認為共享空間的市場價值不僅只限於空間上的改變，更多的是人與人、企業與企業之間透過共享所產生的連結與火花。

1.2. 在招商會透過專業演講，傳達享時空間創業藍圖

3.4. 透過每次演講傳遞享時空間的經營理念

拆除傳統辦公壁壘

問及公司最大特色，Bella 答：「我們的隔間是全透明的。」在我們的印象中，所謂的辦公室環境總是充斥著一個又一個灰白隔間，每個人員都埋在僅兩個臂長的空間裡各司其職。Bella 想做的便是翻轉現下的辦公室環境，她笑著提及許多來訪的客戶第一次進到享時空間總是面帶詫異，因為這與以往大家「想像」中的格局有著很大的落差。Bella 補充：「我們透明隔間的設計很特別，你坐著辦公的時候並不會看見對方，但當你起身走動離開位置的時候，彼此間能自然產生交流。」透過這樣的空間設計，人與人之間自然地產生互動與連結，同時四通八達的空間所營造出來的氛圍也有助夥伴放鬆，從這裡我們不難發現，享時空間所提供的服務不單是客戶向，他們同時也照護夥伴的感受端。

於台灣社會環境，大多公司注重「績效」與「成果」，鮮少有企業主關乎到生產端環境質量，Bella 對此並不樂見，她認為商品的質量優劣並非以成交單數取勝，而是得從源頭審閱起；拿享時空間舉例，泛至接待、業務、公關人員，Bella 皆是親自參與流程，因此她深知客戶需求，方能為其提供客製化的專屬服務，正是這般用心將享時空間與其他公司區隔開來，Bella 做的不只是分享空間，她同時亦透過空間分享人心。

不被看好的前景

「創業的時候，遇過最大的挫折是什麼呢？」

Bella 正色回答：「在初期我們的敵人是刻板印象，沒有人覺得我們會成功。」

1. 共同創辦人 Bella 接受採訪，敘述創業甘苦談
2. 對享時空間大力支持的夥伴
3. 與享時空間夥伴們開心合照

所謂的共享商機其實在國外已經非常盛行，大部分的人們將其視為新興財富機制，藉由交換手頭資源來創造利益最大化，為利人利己的最佳寫照，然而，共享空間在台灣並不普及，許多人並不理解為何要改變既有的格局，更看不到 Bella 眼中的市場及價值。談及創業初期的艱辛，Bella 表示自己難免感到無奈、失落，但她並沒有選擇放棄，她表示：

「當別人越覺得我做不到，我就越要證明給他們看！」

公司最重要的是夥伴

問及欲創造的品牌形象，Bella 眼中閃著掩不住的激昂，她自信地說道：「我們公司的品牌價值是：員工第一、客戶第二、股東第三！」在 Bella 的心中，除了客戶以外，員工也相當重要，唯有照顧好員工，企業才得以像家族一樣共同成長茁壯，在傳統華人企業中，我們總習慣將顧客擺在首位，卻忘了員工是企業的根本；Bella 想做的便是將這些想法引入台灣，做一隻真正的企業本質、企業理念上的雙領頭羊。

Bella 相當重視員工感受，對於既定流程的走向，她總是堅持能以內部、外部兩者最順暢的方式進行，因為她深信：「人的感受好，品質才會跟著好。」如果以傳統單面客戶向的模式經營公司，長期顧此失彼下終將破壞平衡，不只影響到商品輸出成果，也會波及到同仁們工作的情緒，為此 Bella 總是不遺餘力地守護兩者間的槓桿，在確保公司營利的前提下，幫助每個夥伴順利作業。

從生長的土地出發

Bella 提到，目前台中概念館的佔地其實並不大，原因是她希望客戶前來此地的時候能將它視為一個 demo，並藉此投射出規模擴建後的藍圖，未來亦有打算於其他區域拓點。

MERRY
CHRISTMAS

談到企業未來規劃，Bella 快速答道：「我們想成為自帶資源的企業。」許多創業者在初期所遭遇的第一個困境就是資金，再來就是人脈，Bella 希望透過共享空間的經營模式幫助創業者披荊斬棘，提高創業者的經營效率，並透過品牌連接品牌互相壯大，打造出共享經濟的良性循環。

創業路上漫漫無期，身為拓荒者之一的 Bella 表示一切並沒有想像得容易，問及創業建議，Bella 低吟了幾聲，難得沈默數秒後的她認真地看向採訪者答道：「請不要設限自己，並謹記創業的初心吧。」Bella 補充許多創業者會有做好萬全準備再開始的迷失，然而人生總是千瞬萬變，因此她鼓勵創業者們勇敢地踏出第一步，即使不被看好、不被重視，只要堅持下去，你總會找到屬於自己的那道光。

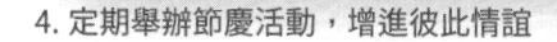

4. 定期舉辦節慶活動，增進彼此情誼
7. 半開放式的會議室，使客戶保有隱私但不會有壓抑感
5. 享時空間創造出有通透感的明亮空間，顛覆傳統辦公室的印象
8. 附近擁有廣大停車場，交通便利
6. 享時空間專屬馬克杯

9

9. 辦公空間以白色為主色調，加上繽紛色彩，讓人感到活力又愉悅

10. 坐落在七期重劃區的精華地段，充滿現代感及豪華氣派的裝潢風格，為客戶帶來良好印象

11. 高質感的空間，有助於提升進駐者的辦事效率

12.13. 享時空間重視人與人的交流，夥伴會在空間裡舉辦各式活動

#B 享時空間

商業模式圖 BMC

重要合作

- 閻維浩律師事務所
- SPACE PO
- 獨角傳媒

關鍵服務

- 共享空間
- 應用管理軟件服務

核心資源

- 旅居國外背景
- 包租計劃
- 社群經理

價值主張

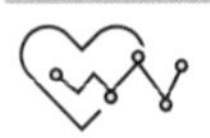

- 以共享空間出發，將分享概念帶進台灣商圈，為產業注入新活力。

顧客關係

- 共同創造
- 社群經理

渠道通路

- 實體據點
- 官方網站
- facebook
- 租屋網站

客戶群體

- 企業主
- 創業者
- 自由業者
- 移動工作者
- 個人工作室
- 企業分公司
- 外國企業駐台代表
- 跨國公司考察

成本結構

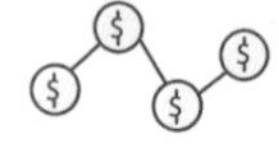

營運費用、空間租貸、人事成本、水電費用

收益來源

- 租借空間
- 管理費用

#C 創業筆記 TIP

- 窺見市場需求，直打痛點。
- 員工便是企業最堅強的後盾。
-
-
-
-
-
-
-
-
-

#D 影音專訪 LIVE

OneDay 花藝工作室

從花的世界窺見本島美

蕭融，OneDay 花藝工作室花藝師。留著一頭烏黑長髮的蕭融流露出一股婉約感，仔細看向她的雙眼卻閃著火光，打自骨底的堅強是創業磨出來的成果。園藝系出身的她深愛著所有與大自然有關的一切，蕭融想讓更多人感同她的身受，為此她以花藝起家，用自己的方式帶世人領略這個星球的美好。

1. 乾燥花與香氣蠟燭作品
2. 戶外婚禮
3. 香氛乾燥花作品
4. 海邊花藝佈置

埋在靈魂的那顆種子

主修園藝系的蕭融珍視一切與生命相關的事物，尤其是花，看似孱弱、嬌嫩，實則每一次綻放的背後是曝曬、雨水與泥沙，人們眼中燦放的樣貌並非渾然天成，而是熬出來的果，蕭融對這份精神感到嚮往，她老是心想：「要是大家也能注意到這一切就好了。」

蕭融於某日在咖啡廳遇到一名前輩，交談後得知前輩目前正在從事花藝產業，在前輩的熱情邀約下，蕭融前去幫忙，這是她的花藝初體驗，過程中蕭融發現自己對花藝有很大的好奇與熱情，這次的協助經驗在蕭融的靈魂中種下一顆幼苗——希望未來能從事跟花有關的職業——。就這樣過了一段時日，某次於因緣際會下蕭融受邀前去婚禮會場佈置花束，蕭融第一次擁有真正的舞台展現自己對花藝的愛，她有些緊張、不安，但更多的是期待。她認真地規劃成品路線、花材類別，將自己的想法以花傾注於場域，最終成功完成了佈置任務；婚禮結束後好評如熱潮襲來，對於這一切蕭融有些不可置信，也建立起她對花藝的自信，她開始興起創業的想法，在身邊朋友的鼓勵下，蕭融選擇給自己一個機會。

市場接受度低落，打破舊有印象

蕭融決定在外島展開事業，原因是她想改變公眾以往想到海島婚禮總是往國外跑的印象，蕭融認為台灣周圍的城市也非常美麗，尤其是自己的家鄉澎湖，皎白的細沙鋪滿整道海岸線，島上充盈溫煦的海風，小葉南洋杉隨風搖曳的景象一點也不輸給峇厘島、馬爾地夫等的結婚勝地，她決定以花藝扭轉現況，抱著強烈理念，蕭融開始了她的創業人生。

原本以為只要商品夠好就會有人買單，現況卻與她所想像的截然不同。在這個相對純樸的城市，民眾對於所謂的花藝並沒有明確的概念，精緻的永生花、乾燥花在人們眼裡與一般的花品無異，在初期推廣上蕭融遇到了很大的困難，然而她堅信追求美是人的天性，經過不斷的調整經營方針與積極開發，蕭融漸漸地找到澎湖市場與自己理念的平衡點，工作室日趨穩定，在當地亦建立起好口碑。

1. 喜來登 X 新娘物語品牌聯名活動
2. 內部訓練
3. 工作室課程形象照

多方發展，全面延展產品線

OneDay 花藝工作室除了一般的花卉販售，最大的亮點便是其與婚禮業的結合，蕭融從沒忘記過第一次婚佈帶給她的感動，創業後她除了花藝，也在婚禮相關的花藝接案上投注許多心力。蕭融表示婚禮所帶來的視覺衝擊與震撼都很驚人，由於婚禮過程中人與人之間的相處相當密集，推廣過程也比較有互動感，透過婚禮這個場域，客戶能夠實體見識到花材塑造環境氛圍的效果，比起蕭融說上半天，作品的展現能更有效地打動客戶的心；因此婚禮布置對蕭融來說，除了是做自己喜歡的事情，也能實際地拓展公司品牌的重要策略。

OneDay 另外亦設有花藝課程，對蕭融來說提供課程能為人們帶來許多好處——第一：提供舒壓空間。在花藝創作的過程，客戶們能夠暫時放下雜亂的情緒，專心在花卉上，於課程內有效轉移人們重心，給予他們與自我相處的時間。第二：幫助弱勢。蕭融提及自己曾受邀到澎湖附近的三級離島——將軍——上課，那是一個很難抵達的鄉下地方，蕭融轉了兩次小船才到達目的地，原本以為只是日常的教學，她卻意外發現每個人對自己手中繽紛艷麗的花朵感到十分好奇，原來在這個小島上花並不是常見的存在，盯著她看的學生們族群各異，有滿頭白髮的長者、聾啞人士、或身有殘疾，但不變的是他們眼裡那抹閃爍的亮光；這一刻，蕭融知道創業是對的選擇，她的確達到了當初開設工作室的目的：將大自然的美好與世人共享。

蕭融透露近期正在籌備「花藝咖啡館」的設立，打算融合鮮花、課程兩個元素為基底，打造出一個全台獨有以花藝為主題的複合式場域。

4. 森林婚禮
5. 社會回饋
6. 聖誕教學
7. 花藝團隊工作照
8. 喜來登泳池花藝設計

以花為媒介，連結人心

蕭融表示 OneDay 所想要創造的品牌形象並不是高級、嬌貴，而是「平凡」。

花，是大自然的產物，是每個人應該都要能觸及、感受的美好，為了傳達這份觀念，蕭融特別將工作室打造成全開放式空間，前來消費的客人能親眼見證花藝師創作的過程，除了親身體會花的迷人之處，在交流的過程中，也能拉近買賣方之間的距離感。蕭融傾注一切心力，便是想貫徹自己當初創業的理念，而她也確實做到了！

即使歷經市場打擊、客戶不認同等的難關，蕭融從來就沒有想過要放棄這份事業，刻在她靈魂的那顆種子經過時間的洗刷，漸漸地長出根、莖，在名為澎湖的小島開枝散葉，開始有了一棵樹該有的輪廓，未來，蕭融仍為筆直向前，直到她的種子成為眾人的大樹。

#B | OneDay 花藝工作室

商業模式圖 BMC

重要合作

- 婚宴單位
- 社福機構
- 公家機關

關鍵服務

- 花卉販售
- 客製化花品
- 婚禮佈置

核心資源

- 花藝技術
- 園藝背景

價值主張

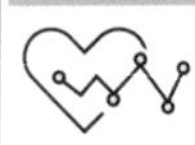

- 用花作為媒介來連結世人，希望每個人都可以接觸到花藝的美好。

顧客關係

- 共同創造
- 雙邊回饋

渠道通路

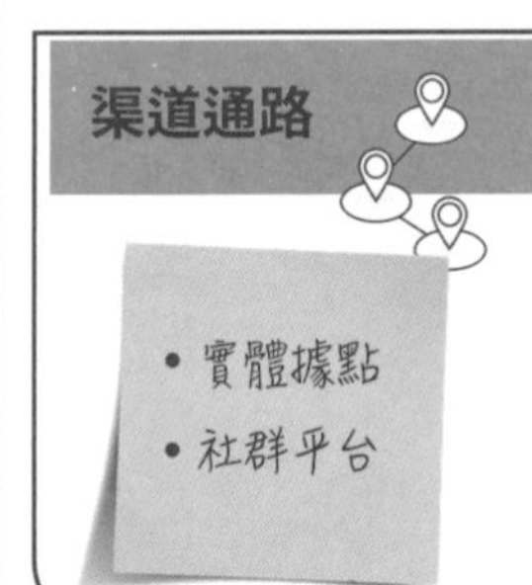

客戶群體

- 花藝工作者
- 家庭主婦
- 婚禮產業相關工作者
- 弱勢族群

成本結構

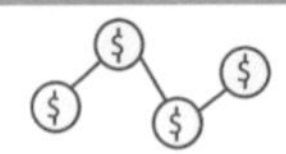

營運成本、人事開銷、花材進口、進修費用、裝潢支出

收益來源

花卉販售、婚禮佈置費用

#C 創業筆記 TIP

- 發掘顧客需求，以能激起消費者興趣的模式呈現商品。
- 於市場、企業理念間取衡方可生存。
-
-
-
-
-
-
-
-
-

#D 影音專訪 LIVE

許正龍建築師事務所

我的設計，除了美還要健康

許正龍，許正龍建築師事務所建築師。學生時期的許正龍便心懷創業夢，為此他做了多年準備並以最佳狀態開業，然而時運不濟，甫創業沒多久便遭金融風暴重創，許正龍沒有選擇退卻不前，他正視事實並積極尋求解決方案，帶領事務所渡過大大小小的危機，二十餘載過去，許正龍建築師事務所如今已成為公家機關及企業爭相合作的知名業者。

1.2. 公司環境照
3.4. 作品 - 台灣工藝文化園區生活工藝館

設計人一致的宿願

問及未來的理想，許多設計人的答案都會是：「想要擁有自己的事務所 / 工作室。」主修建築學系的許正龍與他們並無二異，自學生時期他便一直心懷這份夢想——擁有能夠盡情發揮創意、自我實踐的設計天地。生性謹慎的許正龍並沒有一畢業便急就章，他相當認真地重視創業這份願景，即便服役結束後很快地考取到建築師執照，他仍堅持要先累積經歷再做下一步打算。踏入社會的許正龍進入設計相關產業，打算花上好一陣子的時間為創業紮穩根基，這一晃眼五六年過去，許正龍已累積不少實戰經驗，卻覺得自身理論面稍嫌薄弱，為此他又跑出國進修兩年，以期在專業上更精進自己，這一切都是許正龍為創業可能迎來的挑戰做的準備，回國後的許正龍檢視自己這些年來做的努力，這次他認為：是時候了！以「許正龍建築師事務所」為名，許正龍的創業之路正式開啟。

金融風暴席捲，差點罹難的夢想

事務所雖然一開始遇到了業務來源的難題，但憑藉著積極開發與重視顧客回饋的態度隨著時間也漸漸平穩起來，正當許正龍對事業慢慢建立起自信之際，跌破眾人眼鏡的意外發生了。

2008，那是對所有人來說皆有如夢魘般的一年；先是美國房地產市場崩潰導致該國經濟體系出現裂縫，緊隨其後的是美國第 4 大證券公司——雷曼兄弟——宣告破產，直接重創美國和歐洲間的經濟，同時在曝光下公眾對銀行信任度驟降，緊密的經濟網將這股從美國點起的火延燒到世界各地，許多企業淹沒在一波未停一波又起的金融浪濤下，全球景氣一瀉千里，失業率節節攀升，在這場風暴中沒有人可以置身事外，許正龍當然也身陷其中。

1. 作品 - 鹽埔漁港轉運站及卸魚場
2. 作品 - 台灣工藝文化園區工藝市集廊道
3. 作品 - 老屋改造 - 金格食品
4.5. 作品 - 老屋改造 - 臻品植萃

許多人在這場風暴中賠上所有家當，就此完事倒還好，更慘的就算全賠了還是被一屁股的債追著跑最後只得消失，許正龍的業主便是其一。總共只付了不到十分之一款項的業主神不知鬼不覺地開溜，任憑許正龍再怎麼找也始終探不出業主下落，正所謂屋漏偏逢連夜雨，在金融風暴底下大家早已苦不堪言，許正龍卻在最糟的情況下遇到最糟的事；工程已經完成施工，該發出去給工班的薪水、營運支出並不會因為業主離開跟著消失，龐大的營運資金壓力排山倒海而來，許正龍幾乎沒有喘息空間，他好像就要被這片洪流淹沒，許正龍第一次面臨這麼大的壓力，在他接近崩潰之際，腦袋閃過一句長年以來支撐著自己的話：

「忘記背後，努力向前，向所插的標竿前進」

許正龍眼底重燃希望之火，他還沒有打算就這樣結束，他心想既然尾款追不到就算了吧，認真做好眼下自己能作的所有事情，這是他現在唯一能作也必須做到的。便這樣，路途經歷無數磨難、經營危機，許正龍建築師事務所挺身走到了現在。

環境．美學．健康

許正龍建築師事務所服務項目多元，但不管業案類型為何許正龍都堅持兩個理念：

(一)、人與環境的融合與對話：他認為所謂的設計應該是以人出發，並且能夠真實解決人們的問題，帶來更好的生活體驗，而非機能、美感等薄弱的單一面向服務，設計要是全面的，要漂亮也要實用，要賞心悅目也要有益身心。

(二)、地域文化與精神的傳承：許正龍認為設計應該融合本地特色，並打造出融合該地域、該國家的特色作品；2019 年，許正龍與開創志業的業主合作，以中草藥茶飲做為主題，意旨支持在地小農，透過精密設計將傳統老街道打造成一處匠心獨具的鄰里場域，除了有目共睹的觀光流量，更是榮獲該年香港設計獎。

6. 作品 - 郭常喜打鐵舖
9. 公司照 - 開幕酒會
7.10. 公司照 - 聖誕派對
11. 作品 - 台灣工藝文化園區地方工藝館
8. 作品 - 老屋改造 - 臻品植萃
12. 作品 - 鹽埔漁港轉運站

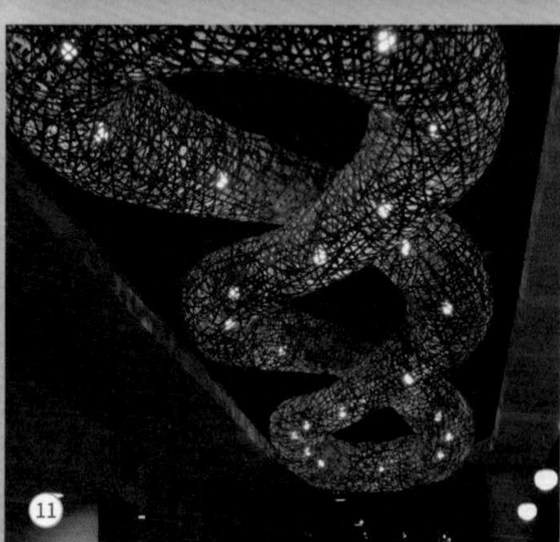

尤其是區隔化特色，許正龍表示在網路與資訊的數據流中，世界線變得扁平，我們將世界視為個體，在越來越模糊的邊際線上，我們越來越搞不清楚自己究竟來自於哪裡、又是以什麼身分生存；許正龍希望以設計建造出世界與自我間的分水嶺，喚起人們塵封記憶中的自我。

身為創業家的堅持

許正龍除了擁有強韌的信念，亦擁戴別於他人的價值；創業路上，他徒手抓著碎裂的沙礫，用血水將其凝結為厚實的壁壘，一磚一瓦、一點一滴、打造出屬於自己的設計國度。縱使沿途風雨無數，縱使命運總是輕易地把他賣力堆起的碉堡壓垮，縱使結果總不盡人意，他每每仍堅毅起身，默默拍掉身上遍布的餘塵隨時準備重新來過。真正的創業家並不是空有熱情的理想派，而是即使受了傷、滿身瘡痍仍堅定朝著目標前進的鬥士。

許正龍建築師事務所
商業模式圖 BMC

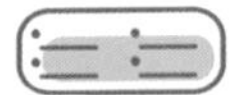

重要合作

- 專業技師
- 專技顧問
- 技術工班

關鍵服務

- 廠房設計
- 建築設計
- 室內設計

核心資源

- 設計資歷
- 綠建築元素

價值主張

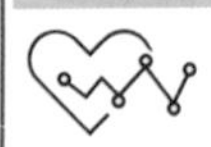

- 以人體健康為設計主軸，打造舒適 & 美學兼融的環境，同時注重環保提倡永續發展。

顧客關係

- 重視回饋
- 雙邊互動

渠道通路

- 實體據點

客戶群體

- 政府機關
- 企業主

成本結構

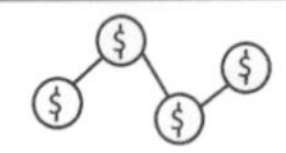

材料進口、營運成本、人事開銷、水電支出、工班薪資

收益來源

- 設計費用

#C 創業筆記 TIP

- 於困境中適時調整，堅守目標導向。
- 堅持產品價值，把握所有可行的機會。
-
-
-
-
-
-
-
-
-

#D 影音專訪 LIVE

盈舒捷可解糖專家計畫

你有糖上癮的問題嗎？試試草本飲！

蘇芝予，盈舒捷可解糖專家計畫創辦人。現今人們飲食習慣大多離不開添加物、精緻澱粉、糖等負擔成分，於營養領域打滾數十載的蘇芝予知道其將嚴重影響人們的健康品質，為回饋社會；也為照顧家人，她開啟盈舒捷可解糖專家計畫。

盈舒捷可計畫圖

母親只有一個

創業前的蘇芝予位於整合公司負責替其他企業創業、行銷、營養諮詢等業務，成天忙於工作的她每天早出晚歸，歲月在披星戴月中流轉，不知不覺蘇芝予已經從少女蛻變成女人，奔波的風霜在她臉上留下痕跡，然而，真正讓蘇芝予意識到「時間不等人」的並不是她自己，而是來自她的母親。

蘇芝予的母親長年來受糖尿病所苦，近幾年又被診斷出重度腎衰竭第四期，若情況持續惡化將一輩子洗腎，看著母親整日精神不濟與日漸消瘦身軀，孝順的蘇芝予自然是相當擔心，然而母親哪聽得進孩子的勸，絞盡腦汁改善母親現況的蘇芝予倏地想起近期與醫療團隊合作的新企劃，該企劃是透過提供餐後飲品幫助糖尿病患者控制血糖，比起傳統強迫轉換飲食的療法，該模式對大眾來說更容易接受，蘇芝予找來合作的醫師勸導母親加入企劃，興許因為對方是外人，蘇芝予母親很快地便首肯參與計畫，沒想到這一試居然意外開啟蘇芝予的創業之路。

療程開始第五天，蘇芝予母親的血糖從 300 多的高指數迅速降回 100 初頭，蘇芝予母親本身相當訝異，她原以為自己身體再也不會有起色，沒想到通過簡單的餐後飲居然能達到如此卓越的效果，為了維持健康她甚至開始主動詢問營養師背景的蘇芝予飲食控制相關問題，看著母親漸漸恢復活力的樣子，蘇芝予心裡相當欣慰，也是此刻她興起自立品牌的念頭，她希望將此類自然療法鋪通到社會上，藉此幫助更多與母親一樣深受慢性病其擾的人們，以「盈舒捷可解糖專家計畫」之名，蘇芝予走向創業人生。

落入甜蜜陷阱

近幾年來科學家開始注意到精製糖對人體健康的威脅，從血管、代謝到皮膚，精製糖的危害無所不在，營養學家（Brooke Alpert）曾說過：「糖讓你肥、讓你醜、讓你老。」「糖」對身體而言並非必需品，甚至是一種「有害物」，其帶來的負面效應包括相當廣泛，除了身體負擔亦會引發焦慮、不安的情緒，長期下來將導致各種疾病，專精營養學的蘇芝予亦深諳其道，因此她希望透

1. 盈舒捷可引進最先進糖儀器檢測
2. 盈舒捷可草本飲
3. 盈舒捷可受益者分享
4. 獲得家人支持，全家人一起檢驗產品
5. 糖尿病講座
6. 盈舒捷可客戶諮詢
7. 起初創業借用同學辦公室

過企業的「戒糖」療程從根拔除病灶。

盈舒捷可解糖專家計畫主要是透過提供餐後草本飲的方式，階段性調整患者飲食習慣，該草本飲由前台中榮總新陳代謝科醫師親自研發，不必額外攝取藥品或注射針劑，搭配飲食控制即可有效控制血糖，另外草本飲裏頭皆無添加任何防腐劑、色素，成分純植物草本熬煮而成，大人小孩皆可安心飲用。

除了草本飲本身，蘇芝予更利用整合所長優化企業；她與法國廠商合作一個雲端系統，紀錄患者的身體數據與恢復情形，幕後的營養師團隊則會透過該數據分析給予個別患者飲食、生活習慣之建議，線上結合線下的方式除了能夠有效節省人力與時間成本，更能透過即時更新、回報掌握患者最新消息達成高效溝通，簡單來說，只要一支手機在手，患者便能直接與強大的醫療團隊進行串聯，許多消費者紛紛受惠於此並表示感謝，對現代人來說「有用」以外，「方便」亦是一大考量，而蘇芝予成功逮到痛點，抓住消費者的心。

循序漸進引導改變

蘇芝予坦言一路走來遇到的阻礙並不少，許多客戶對瞭解專業的意願相當低落，即便蘇芝予再怎麼用心解釋，最後客戶通常只會丟出一句：「你直接告訴我要吃什麼，菜單給我做就好啦。」然而每個人適合的飲食配方不盡相同，針對個別情況須做上許多微調，即便出了菜單願意老實照做的客戶也不在多數，因此一開始在普及觀念上蘇芝予下了不少功夫，但在她堅定的行動下，許多客戶開始接受療程，盈舒捷可解糖專家計畫也日益壯大。

8

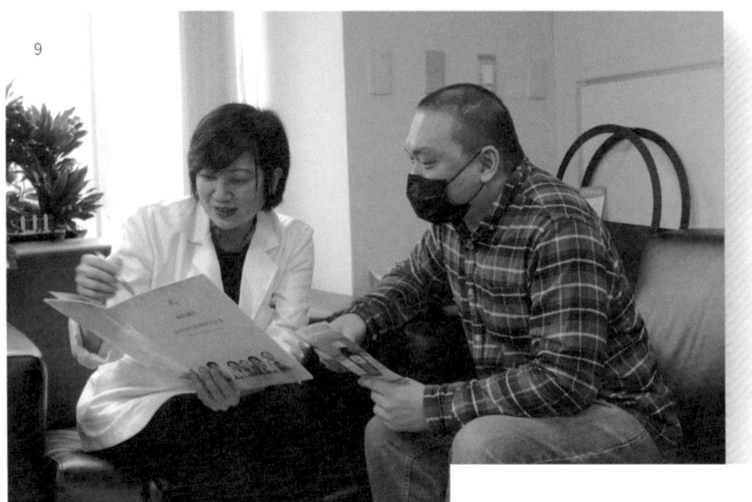

9

10

蘇芝予表示未來將整合更多醫療資源，極力將療程普及到全台每個角落，援助更多需要幫助的族群，為台打造全面性的正向健康循環。

11

12

8.11. 健康講座

9. 與客戶密切諮詢中

10. 母親參與活動默默支持創業

12. 透過 podcast 講述健康飲食 - 採訪新陳代謝科醫師

盈舒捷可解糖專家計畫

商業模式圖 BMC

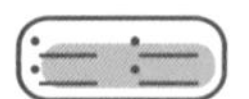

重要合作

- 醫療機構
- 健康中心
- 代理商

關鍵服務

- 營養品代理經銷商諮詢
- 保健食品專業配方設計
- 品牌行銷規劃
- 保健美容整合行銷
- 網路整合行銷

核心資源

- 營養師團隊
- 整合技術

價值主張

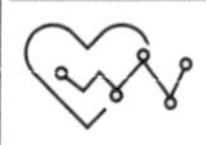

- 以自然療法推動「健康老化」，不硬性改變消費者習慣，透過簡單草本飲培養新生活型態。

顧客關係

- 互惠互利
- 重視回饋
- 客戶自找上門

渠道通路

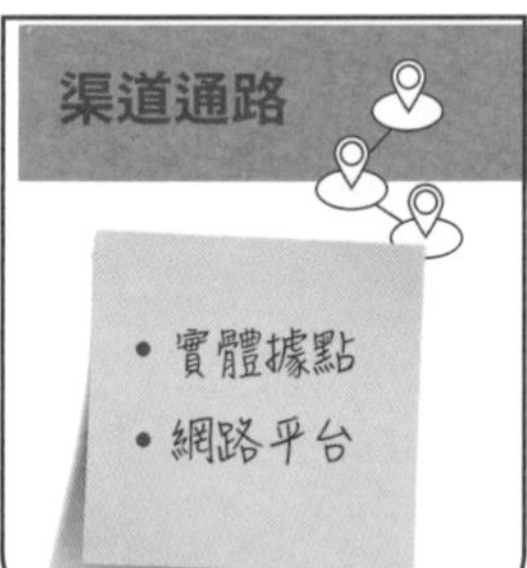

客戶群體

- 糖尿病患者
- 營養失衡者
- 糖上癮者
- 銀髮族

成本結構

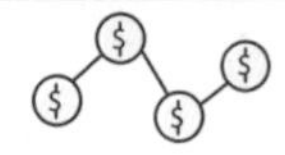

材料進口、原物料、營運成本、人事支出

收益來源

諮詢費用、療程收費、產品銷售

#C 創業筆記 TIP

- 勿忘「初心」才能走在正軌上。
- 以現代科技結合時下熱門議題，奪得利基地位。
-
-
-
-
-
-
-
-
-

#D 影音專訪 LIVE

#A 藝堂室內設計工程有限公司

美學與機能完美展現，為您打造專屬的藝術殿堂！

李燕堂（李總監），藝堂室內設計工程有限公司的設計總監，在懵懂的 16 歲就對設計一見鍾情，一路從家具設計轉而投入室內設計，時光荏苒、至今已 28 個年頭，豪宅別墅、廠辦空間、醫療院所等各式商業空間都有傑出的表現，如今藝堂設計已成為享譽室內設計產業中的專業品牌。

1. 主臥室空間
2. 工業風餐廳
3. 自助火鍋餐廳生鮮吧
4. 新概念辦公空間

嶄露天賦，對設計一見鍾情

16 歲，對未來還懵懵懂懂的年紀，在學校偶然聽到前輩的演講分享，李總監開始對設計產業有了初步的認識，沒想到從此對設計一見鍾情，便開始學習設計，也參加了各種比賽且屢創佳績，還曾獲得學校主任的推薦，代表學校參加家具設計比賽榮獲上萬元的獎學金，也因此大大的增進了自信心，畢業後李總監成為美式及歐美家具工廠的家具樣品師，然而受當時局勢影響，台灣家具市場不敵外來競爭，紛紛轉到中國及越南設廠，李總監離開家具設計產業後，輾轉來到台中，投入室內設計領域，當時台中的八大行業盛行，李總監跟隨著當時的老闆設計了 KTV、保齡球館、舞廳、餐廳等等的商業場所，隨著案子數量累積愈來愈多，設計過各式各樣的商業空間，成長的速度突飛猛進，留下了良好的口碑及作品，漸漸地，開始有客戶介紹案子給李總監設計，李總監也找來了曾經合作過的團隊及工班，完成了一個又一個設計案，在身旁親友的大力支持下，創立了「藝堂室內設計工程有限公司」。

不擅經營、留不住錢

李總監起初只是接了一個餐廳設計裝修的案子，沒想到餐廳的股東們都非常欣賞李總監的作品，陸陸續續介紹客戶給他設計，才因此成立了公司，雖然公司的成立是意料之外，不過創業的開端還算順利，只是案子接得多、收入也多，公司的支出比想像中快速，原本訂價千百萬的案子，到最後的實際利潤竟然少之又少，有時甚至慘賠，所以李總監聘請了會計，也開始完善公司各部門，讓公司制度化、組織化；後來經歷過許多大大小小案子的進行，李總監發現投入小型案件的設計時間及獲利不成正比，於是開始設立接案的底價，公司的收入及工作量也才慢慢穩定下來，公司也逐漸平穩地成長，李總監也因此體認到經營公司靠著專業技術是不夠的，還有許多需要精進的地方。

1. 餐廳貨櫃造型吧台　2.3. 醫院健診中心
4. 廠辦會議室　5. 客餐廳空間

設計項目廣泛、各種風格難不倒

藝堂設計的服務項目十分多元，包含了豪宅別墅住宅設計、建設公司實品及樣品屋、大樓門廳、中西式餐廳、企業廠辦空間、醫療院所、觀光飯店、汽車旅館、庭園景觀、百貨商場、連鎖企業等等，其中住宅設計為主力項目，在創意及專業之餘，也滿足少數客戶的特殊喜好，提供客製化設計及專業的服務，目前大樓的管制規定較多，因此設計作品完成的速度較以往緩慢。

另外，特色商業空間設計更是藝堂設計立業的根基，商業空間設計的成交金額較高、完成的速度也較快，其中像是百貨公司平時會定期進行翻修，也會有新品牌的櫃位進駐；企業廠辦空間也會隨著企業營運擴大而擴展規模；醫療院所則可能因為設備更新變換而進行翻修；都可能會延伸後續的合作機會；由此可知，無論是商辦空間還是自家住宅設計，各行各業的空間藝堂設計都有著非常豐富的經驗，無論哪一種設計風格都能駕輕就手。

除了藝堂設計的總監身分外，李總監也身兼產官學各公學協會幹部多年，尤其在台中市室內設計裝修商業同業公會裡，擔任理監事長達 18 年之久，貢獻自己的能力也希望透過在公會服務自我成長，幸而能認識全國室內設計同業菁英，雖然業務繁忙但李總監一點都不覺得疲累，反而認為這樣的經歷可以更有效率的分配時間，透過公會認識了更多更好的團隊，可以彼此交流、合作，如今在全台都有組織團隊及工班，也與全省幾十家連鎖企業合作室內設計的業務。

追求生活美學、打造專屬藝術殿堂

藝堂設計開業至今已經 28 年之久，李總監認為設計是一項客製化的產業，完成客戶夢想、提升生活品質就是藝堂設計最大的目標，好的商業空間才可以吸引客戶聚集、消費，客戶在消費過程才可以開心享受；而好的生活環境可以改善人的生活習慣，才能成就好的教育環境，孩子在其中成長才能養成良好的品行及個性；這也就是為什麼當初會將公司起名為「藝堂」設計，就是希望人人都可以生活在藝術的殿堂，享受五星級飯店般的美好空間，這是藝堂設計創立以來一直秉持的使命。

「把工作當學習」是李總監一直以來的信念，他認為我們所會的有限，所以要透過工作來成長自己，他也以自身為例，剛開始踏入室內設計產業時，業界都還是使用手繪設計圖，隨著時代的進步，現在大多已電腦化，因應著環境變化，邊工作邊自我學習是非常重要的，除此之外，設計需要許多靈感，而這些想法除了來自天份以外，學習也是不可或缺的工作，所以李總監也很重視書籍閱讀，每年都會規劃預算購買國外第一手的設計相關雜誌資訊供給員工，也希望透過觀摩國外新潮時尚的風格，使作品可以更加新穎、更加前衛，李總監也期許未來藝堂設計可以更加國際化，並且在醫院、飯店、廠辦、豪宅，商空設計五大專業領域中，成為領頭羊，成為同行學習的目標。

完工豪宅 3D 示意圖客餐廳空間

藝堂室內設計工程有限公司

商業模式圖 BMC

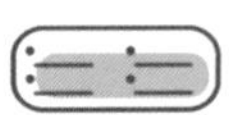

重要合作

- 合作過的舊客戶
- 高雄醫學院健診中心
- 科思創

關鍵服務

- 企業廠辦空間、豪宅設計、百貨公司、醫療院所診所、建設公司樣品屋

核心資源

- 商業空間及自家住宅設計技術

價值主張

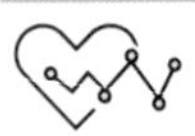

- 替客戶打造有如藝術殿堂般的五星級空間。

顧客關係

- 共同創造

渠道通路

客戶群體

- 需要擴張商業空間的企業
- 一般自宅需要裝修的客戶

成本結構

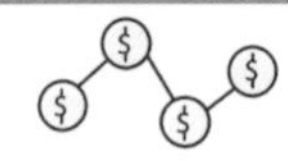

人力技術、設計用工具、行銷

收益來源

幫客戶做設計及裝修費用

#C 創業筆記 TIP

- 財務管理對於公司經營十分重要，如果公司一有收入就花錢不懂節制，這樣不管接了多少案子最後還是有可能倒賠的。
- 要懂得邊工作邊學習，透過閱讀或上網搜尋，才可以因應時代進步帶來的變化。
-
-
-
-
-
-
-
-

#D 影音專訪 LIVE

小莊壽司

品嘗幸福的滋味，用美味與顧客搏感情

莊志豪，小莊燒烤食堂的老闆，早在 1997 年就已創立「小莊壽司」，滿腔熱血的莊老闆一頭栽進創業的世界，在小莊壽司營運趨於穩定之後又接著創立「小莊燒烤食堂」，莊老闆的創業藍圖不止步於此，今年還有一家火鍋店「丸莊鍋物行」新開幕，未來還規劃了烘焙坊，不只是個食堂，小莊也是個品牌，用多樣的料理拉近與顧客的心，誓言讓顧客走進小莊旗下的店裡都不會有重複的體驗。

1. 內部組織人才
2. 丸莊鍋物行店面照
3. 小莊燒烤食堂店面照
4. 小莊壽司店面照

給顧客帶來不同體驗，創立燒烤食堂

莊老闆的父親也是自己創業做海鮮批發，從小莊老闆就跟著父親認識各種海鮮、也到海鮮店打工，青少年時期的莊老闆早已立志要繼承家業，沒想到父母親並不打算讓莊老闆接手，反而鼓勵他自己創業，莊老闆就自己獨資租下騎樓開創了「小莊壽司」，起初，店面小小的、只有一張桌子和兩張椅子，沒有顯赫的背景，賺的錢也都拿來投資設備的維修跟採購，好在地點選在東海大學附近，地域性佳，附近有學區和工業區，生意也才日漸穩定。

而後，新小莊壽司創立了兩、三年後，發展超乎預期，隨著客流量逐漸增加，用餐空間開始不夠、產品不夠多樣，訓練的場地和設備也有限，莊老闆也覺得是時候展店了，他想往上提升延伸產品線，也希望成立新平台可以做教育訓練、人員培訓，也為了供應不一樣的環境給熟客，所以莊老闆並沒有選擇開分店，而是補充壽司店沒有的東西創立「小莊燒烤食堂」，有別於壽司店制式化的料理方法，燒烤食堂的走的是日式家庭風，也有無菜單料理，木炭也選用珍貴且適合細火慢烤的備長炭，為了讓客人有更好的用餐環境，也刻意拉大座位之間的間距，莊老闆說道，燒烤食堂如此用心就是想透過料理與人接觸，拉近彼此的距離、熟悉對方，讓客人更喜歡這個地方。

屋漏偏逢連夜雨，該如何繼續走下去？

起初舊小莊壽司營運狀況愈來愈穩定之後，莊老闆便將小莊壽司延伸到中國駐點，沒料到中國的環境發展太快，薪資水平跟原物料漲得太快，一下子跟不上漲幅的速度，便決定撤掉回台灣，長期兩邊奔波的莊老闆，沒有培育足夠的技術跟管理人員，瞬間兩頭空；但這次的跌倒並沒有讓莊

1.2. 丸莊鍋物行用餐環境
3. 小莊壽司店用餐環境
4. 小莊燒烤食堂用餐環境
5.6. 小莊壽司食物形象照
7. 內部組織人才

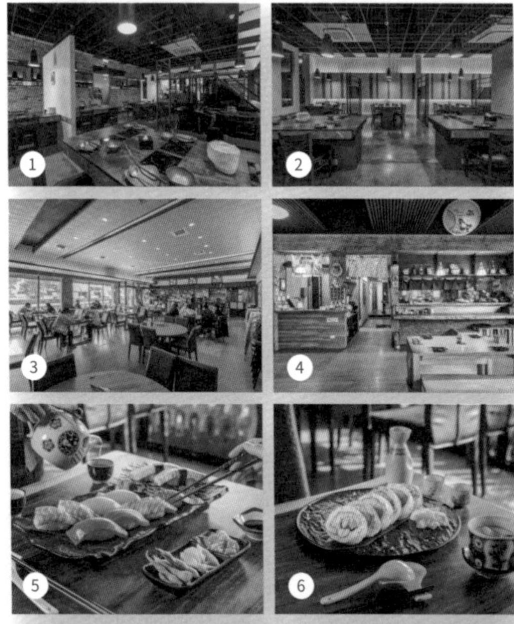

老闆放棄，反而更堅信自己離不開餐飲業了，莊老闆說道，錢來的快、去的也快，永遠都不夠用，一定要自己去跌了一大跤，爬得起來才能夠重新出發。

創業中的艱辛不外乎是資金或人才，但莊老闆經歷的挫折不僅止於此，莊老闆語帶遺憾地說到心中的大石頭，他重用的小莊食堂店長因為癌症離開人世，頓時失去一個靈魂人物，整個團隊也陷入谷底、不知道該如何繼續走下去，然而這也讓莊老闆體認到人員培訓的重要，訓練不能只著重在同一個人，整頓好心情，便開始培育不同領域的員工，分工做商業設計跟行銷，也會依照員工的需求做培訓，看員工想要往什麼方向發展；而莊老闆也不再親自下去做，而是擔任技術指導，他認為若自己也在團隊裡做，高度不夠、看的角度就不夠寬廣，他希望透過食堂這個平台教育想轉換跑道進來餐飲業的工作夥伴，或是讓想創業的員工累積經驗，使小莊食堂成為他們創業的出發點。

知足常樂，著手未來計畫

小莊食堂目前場地設備都已健全，人員也都培訓完成，未來即將推出真空料理包，讓客戶不會吃下過多的化學添加物、吃得健康，就算回到家還是有美食可以吃，今年也新開幕了一間火鍋店，未來還計畫再加開烘焙坊，除了開餐廳，莊老闆還想開起教室，教客人如何吃東西、如何做菜，也教員工創業、傳承經驗，期許小莊品牌旗下的店家可以一起挑戰、共享資源，讓客戶跟員工都可以有不一樣的體驗；莊老闆說道，創業很難很辛苦，一定要努力尋找資源，政府也有很多協助的政策，不要輕易感到自滿，而且要珍惜資源、妥善運用，不要做了才開始找，最重要的是，不能把員工當成工具，每個員工都是別人家中的寶，要好好地保護員工。

餐飲業很不好做，就算再用心都很難一帆風順，過去莊老闆為了創業時常早出晚歸，連住在同一個屋簷下父母親都可能三個月見不著面，把家裡當飯店住，也無法陪自己的孩子長大，錯過他們的成長，長年打拼奮鬥甚至讓莊老闆積了一身老毛病，但他毫不後悔，現在他的女兒也繼承衣缽、經營丸莊鍋物，孩子就是莊老闆成就感的來源，一家人一起工作、家庭一片和諧，雖然沒有很富裕但至少生活過的很滿足，「戴 300 元的錶跟 300 萬元的錶，時間都走得一樣快，夠用就好！」莊老闆知足地談道，創業的感動無法言喻，他無法確切地說出創業到底哪裡好，但看到夥伴成功、女兒也都在身邊，未來也還有很多計畫等著進行，這不就是快樂嗎？

#B | 小莊壽司
商業模式圖 BMC

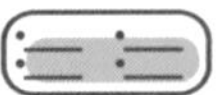

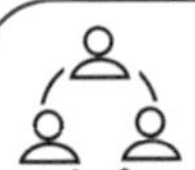

重要合作

- 海鮮批發
- 肉品販商
- 木炭販商

關鍵服務

- 壽司
- 日式料理
- 燒烤料理
- 無菜單料理

核心資源

- 料理技術團隊

價值主張

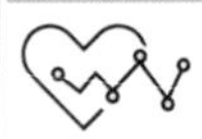

- 不做制式化料理，走日本精緻家庭風，透過料理拉近與顧客的距離，了解顧客的喜好。

顧客關係

渠道通路

- Facebook
- 外送平台

客戶群體

- 以前小莊壽司的舊客戶
- 商圈附近的客人
- 愛吃燒烤的人

成本結構

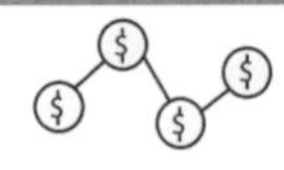

器材設備、行銷成本、人事成本、原物料

收益來源

產品賣出收益

#C 創業筆記 TIP

- 身為老闆，不能把員工當成工具，員工是工作夥伴，要好好地保護員工。
- 創業很難，一定要努力尋找資源跟協助，並且珍惜資源、妥善運用。

#D 影音專訪 LIVE

#A 婕絲美學

神秘蠟燭色彩學，斑斕四迸的花火

李婕絲，婕絲美學總監。房地產出身的李婕絲深諳色彩學魔力，為此她開辦課程希望造福更多群眾，成效卻不如預期，為此她改以蠟燭及手作作為媒介，除了色彩能量學同時結合心靈相關療法，成功於市場打響名聲。

1. 師資培訓過程
2. 婕絲美學日常開課中
3. 產品 - 色彩能量運用
4. 室內工作環境

心靈啟蒙之旅

問及為何會接觸到心靈專業，李婕絲分享了一段過往；七年前的她參加一場位於上海企業家的活動，其中一名與會者打斷當時正在高談闊論的李婕絲，並請她換一隻手拿麥克風繼續演講，歷練豐富的李婕絲並不以為意，然而，換了一隻手的她卻半句話都說不出口，這對李婕絲來說無異為一場震撼教育，她滿臉疑惑地望向提出要求的與會者，對方淡淡的開口：「去學一下神經語言程式學吧。」李婕絲當下腦袋一片空白，講座結束後她照實搜尋相關資料，才認知到原來身體每個部位寫入的記憶庫皆不盡相同，心理對生理的影響超乎人預料的多，李婕絲開始對相關知識產生莫大興趣，這一學便是 7 年，7 年後的李婕絲於心靈領域頗有心得，學後有成的她心裡默默埋下一顆以所長幫助他人的種子。

顏色是可見的能量流動

創業前的李婕絲位於美商公司就業，另一伴亦從事相關產業，因此李婕絲對於空間佈置自有一套，她了解不同的色彩、物件、空間能夠帶來的效果，甚至可以做透過色彩大幅提高成交率，樂於分享的她決定開辦課程幫助更多人，除了色彩學，李婕絲亦開辦許多心靈相關課程，如催眠、NLP……，然而前來的學員們卻總是滿口：「我只想賺錢。」而並非真心想了解課程，即使掌握基礎理論，也缺乏實踐的行動力，面對此般現況，李婕絲不免感到有些無力，她沒預料到自己助人的理想竟淪為呼口號的空口支票，但李婕絲並不打算止步於此，她相信一定有方法能夠跨越當前困境。於一次朋友聚會中，李婕絲找到突破口——蠟燭——，她意外地發現這小小的光亮居然十分療癒人心，而且形狀多變、色彩豐富，作為應用媒介再適合不過，不論是心理學或是色彩學都能在於蠟燭這個載體上得到很好的發揮，一陣籌備後，李婕絲於2020年4月開辦「婕絲美學」。

學習平靜看待巨浪

婕絲美學的一大特色是其心靈元素融入蠟燭、手工皂、流體畫、線香當中，蠟燭除了擺飾的用途亦富有撫慰心靈的附加價值，這般經營模式於本

1. 產品 - 特製皮革紋蠟燭
2. 創辦人培訓師資中
3. 產品 - 精緻玫瑰蜜蠟花
4. 產品 - 七大脈輪精油
5. 婕絲美學日常開課中
6. 夥伴團照

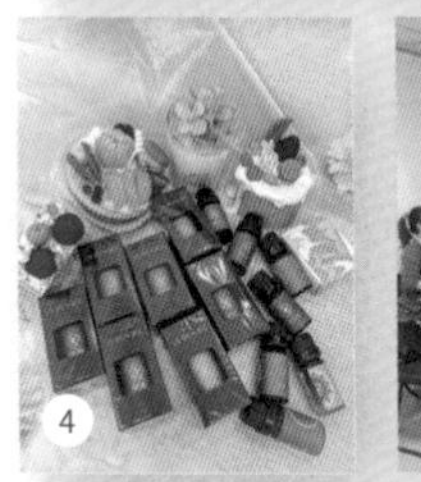

地可說是前所未有，因此開業便吸引大批民眾，營業額短時間內便達到驚人的數字，然而俗話說：「樹大招風，人紅遭忌。」同業對於婕絲美學這名迅速竄起的新秀不抱好感，婕絲選擇不予理會，她從不正面回應攻擊，第一是不想引起無謂的爭端，再者是她相信產品會替自己發聲。

李婕絲目前擁有十張以上國際專業證照，實力不在話下，為了精進蠟燭技法手作跟韓國老師拜師，認真鑽研理論與實作，並將學習成果帶回教育訓練素材，對李婕絲來說婕絲美學販售的不只是「產品」而是「服務」，她將看似簡單的蠟燭及手工皂、流體畫、線香透過味道、顏色的調整製造出不同感受，藉此昇華環境整體氛圍，運用心靈、色彩學所長使得產品大放異彩，一躍成為新世代下的產業新寵。

打造連結人群新場域

李婕絲表示目前正在尋找較大的空間，準備著手下一步企劃，她打算開一間以手工皂、蠟燭、流體畫、線香為主題的文創館，並舉辦相關體驗課程、如透過 DIY 手作開發幼童左右腦能力、體驗課程幫助長者找回活力等。之所以會有這樣的想法起於顧客們的回饋，許多顧客前來婕絲美學上課後發現生活產生很大的改變；其中一名女顧客提及，自己的丈夫以往下班後便如一灘死水賴在沙發上，然而在女顧客帶蠟燭花成品的那天晚上，平日寡言的丈夫居然眼尖地馬上發現閒置在角落的作品，甚至滿帶笑意地主動開口：「這什麼啊？我看了心情好好。」諸如此類的神奇反饋多如繁星，看著這一切，李婕絲心裡有說不盡的感動，她心想要是這份幸福能夠傳播到每個人身上該有多好？

於是，李婕絲開始思索能透過什麼樣的模式擴大、複製自己的商業結構，文創館便是她的最佳解答，李婕絲透露將會以親子共處、藝術治療為主體項目，致力建立起人們之間的共同語言，她期許蠟燭能化為縷縷絲線，緊密串聯起家庭、友人、伴侶等的人際關係。

時刻回顧自我不忘初心

無論是創業前、創業後，李婕絲的初衷總是秉持那股純粹的善意：

「我想要為這世界做些什麼。」

一路走來，她憑一己之力學習新知、開辦課程、演講授課、創立品牌，即使初期成效不彰亦從沒放棄過助人的念頭，即便路途遭人撻伐她的目光仍然堅定;李婕絲小小的身軀乘載著無盡的勇氣，她擁有的能量來自於經驗的洗歷、內心的堅定，李婕絲一旦決定了想做的事情，便會埋首耕耘，不計辛勤地等待夢想萌芽的來日，便是這樣的不拔的韌性帶領婕絲美學快速成長，未來也將持續發光發亮成為產業炙熱的新星。

#B | 婕絲美學

商業模式圖 BMC 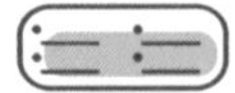

重要合作

- 物流廠商
- 原物料廠商

關鍵服務

- 蠟燭
- 手工皂
- 流體畫
- 線香
- 培訓課程
- 禮盒訂製

核心資源

- 國際證照
- 心靈學習背景
- 色彩學專才

價值主張

- 將心靈理論結合蠟燭及手作產業，創造療癒身心靈的美麗成品。

顧客關係

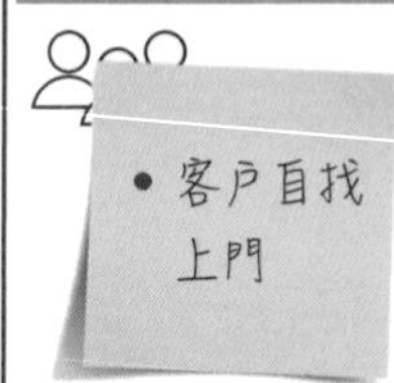

渠道通路

- 實體據點
- 社群平台
- 電子商家

客戶群體

- 家庭主婦
- 二度就業者
- 年輕人
- 小資女
- 銀髮族
- 幼童

成本結構

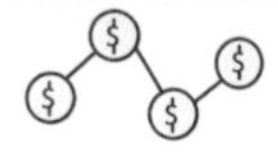

研發費用、進口成本、人事支出、進修開銷

收益來源

課程收費、產品販售、證照培訓、企業內訓

#C 創業筆記 TIP

- 開發產品附加價值，提供多向服務。
- 銘記心中理念，不被他人擊倒。

#D 影音專訪 LIVE

#A IMB 企業社群

你好，我也好！創造共贏的最佳社交平台

劉志勇（Terry），IMB 企業社群的創辦人，這是專為中小企業老闆建立交流平台，提供讓資源與知識更有效對接的環境，結合線上資訊交流與線下活動，替老闆節省非主要社交活動的時間及費用成本，希望藉此找到共同理念的合作夥伴。

1. IMB 老闆的寶藏
2. 企業主聚會交流
3. 舉辦專題講座
4. 社團協會企業交流

看中市場痛點，毅然決然創業改革

2005 年， 當時 20 歲的 Terry，本來應該是懵懵懂懂的大學新鮮人，但卻毅然決然與弟弟自立門戶闖蕩創業，創立鋁合金壓鑄製造廠－「展奕金屬有限公司」，主要從事汽機車配件、電子零配件外殼、交通號誌燈、路燈等的生產製造，至今 15 個年頭過去，歷經金融海嘯、COVID-19 疫情肆虐等難關仍屹立不搖，更榮獲台中優秀青年創業家，以及堪稱製造業中的指標獎項－金手獎，目前 Terry 在台灣已創立了三家公司、也曾經在印尼設立過兩間公司，事業正值發展之際。

在金屬傳統產業經營打滾 15 年， Terry 發現目前大環境的巨變，產業早已供過於求，市場上工廠及公司已呈現飽和，創業者不再像以前只要認真打拚就有機會，唯有突破現況尋找新的需求才有機會創業成功，創新變成是唯一的出路，Terry 希望可以增加企業主及創業者之間的跨領域交流，並透過交流讓企業主產生更多商機，更有助於中小型企業發展，於是集結志同道合的中小企業主們建立 IMB 企業社群平台。

線上結合線下，為老闆量身打造交流模式

IMB 取自「I'm Boss」的縮寫，是一個專為企業主設計的交流模式體驗，它不是一個社團或課程，而是以 Online to Offline(O2O) 的社交模式透過線上資訊流及資訊彙整，結合線下的活動使企業主可在其中累積更多人脈，可以說是企業主的社交軟體，不需特別透過組織或協會，而是藉由 app 的媒合讓契合的企業主有機會進行商務探討研究，Terry 認為每個受眾群都有它的獨特性，而 IMB 是個很特別的事業體，企業主就是它的受眾群，而人人都可以是自己的老闆，只要有想法且實地去進行，不一定要真正開公司或設立行號才能稱為老闆，所以 IMB 也接受創業者或個人工作室的註冊申請，他相信企業主與創業者之間有共同的語言與相似的經歷，經過有效的交流就能激盪出不一樣的火花。

「再高的科技也比不上面對面的交流，再好的資訊媒合也必須透過面對面的溝通才能激盪新的想

1. 企業顧問團：深入探討　2. 最有效益的企業主活動
3. 台中市勞工局、青商聯合活動　4. app 實際操作介面
5. 優秀創業家得獎者合影

法」Terry 說道，他認為社交是剛性需求，任何企業主都有社交的需求，而 IMB 正是一個累積人脈、知識與流量的渠道之一，他也提出 IMB 對於好企業交流應有的五大訴求：

(一)、人脈要門當戶對

(二)、交流活動目的要明確

(三)、必須要有交流深度與創新思維

(四)、活動場次要多且頻繁

(五)、活動不受時間與空間的限制

目前 IMB 不定期地舉辦線下活動，每天會推播發送二至四位適合的企業主跟創業家做媒合，且會將活動資訊發送通知給規模、地域、思維相近的產業，「一場活動、三個小時、十個老闆、無限可能」是 IMB 的信念，希望藉由這樣 O2O 的模式落實「同業為師，異業結盟」的概念，真正得到效益。

漸進式創業，再次體會創業艱辛

Terry 已有多年的創業實務經驗，安彼企業也並非 Terry 的第一個事業體，但最一開始家人其實並不贊成，他們認為原有的公司好不容易挺過草創期的艱辛、步入穩定發展之際，正是可以收穫的時期，但 Terry 只要想到若是 IMB 企業社群可以讓數以百萬的企業主得到幫助，這將是件非常有趣也非常有意義的事！

由於 Terry 已經有自己的本業，也不可能放棄原有的事業一股腦兒的投入新公司，只能運用晚上或閒暇時間處理創業初期的瑣事，一邊維持原本的公司運作、一邊籌備新公司的創立，他稱之為「漸進式創業」，也認為這是時下環境最適合的創業方式；IMB 的分工相當細膩，文案、資訊、策略各單位部門各司其職，Terry 則是一肩扛起執行長的責任指引公司前進的方向，他深知創立一個新興事業必須面臨許多分叉路，有時甚至看不到路也得自己發掘新道路，好在 IMB 的持續成長與正面回饋，也讓更多的朋友與家人轉而支持甚至挺身協助。

製造雙贏，成為企業主最佳工具

Terry 的核心思維是戰國時期的墨家思想「兼相愛，交相利」，他認為解決社會問題，財富便會隨之而來，而這也正是 IMB 在做的事情，他深知這個世代已經不缺錢、而是缺乏想法，市場上已經不再需要更多價格更低廉的工廠，而是需要對的產品或服務才可以被社會接受。

「你好，我也好」是 IMB 企業社群的創業宗旨，是個互利、雙贏、創造創新的社群平台，他認為台灣的地狹人稠是一種優勢，產業種類豐富、有各式各樣的行業，因此不論是服務還是產品的發想都很有可能實踐，但他也發現到有很多企業主其實認識多年，卻不一定夠了解彼此的強項和職業，因為沒有適合的場域或機遇可以深入交流，而能藉由 IMB 讓創業者發覺其實機會就在身邊是他感到最有成就感的事，社交活動是可以彈性且輕鬆的，他也期盼未來這種交流模式能夠更普及、甚至觸及到其他國家，讓企業主的交流能夠更廣泛但卻更深入、更明確，能夠確確實實創造商機與人脈，成為企業主最佳的商業工具。

IMB 企業社群：一個專屬老闆的平台

#B | IMB 企業社群

商業模式圖 BMC

重要合作

- 政府地方單位
- 新創中心
- 各大社團

關鍵服務

- IMB 企業社群
- 線上資訊
- 線下活動

核心資源

- app 開發及管理

價值主張

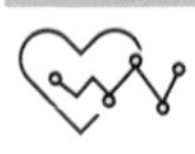

- 專為中小企業老闆建立的交流模式，降低老闆人脈及創新的成本。

顧客關係

- 個人協助

渠道通路

- 官方網站
- facebook
- app

客戶群體

- 中小型企業
- 個人工作室
- 創業家

成本結構

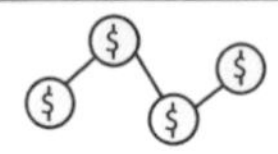

人事成本、舉辦活動成本

收益來源

- 活動費用
- 資訊費用

#C 創業筆記 TIP

- 再高的科技也比不上面對面的交流，再好的資訊媒合也必須透過面對面的溝通才能激盪新的想法。
- 這個世代已經不缺錢、而是缺乏想法，市場上已經不再需要更多價格更低廉的工廠，而是需要對的產品或服務才可以被社會接受。

-
-
-
-
-
-
-
-

#D 影音專訪 LIVE

喆方心理諮商所

與最深沉的自己談話的最佳夥伴

喆方心理諮商所的所長劉玲惠一輩子都在奉獻助人，使命和熱情讓她不斷在這條路上勇往直前，即便遇到許多困難也從未放棄，實戰經驗的累積讓她擁有豐富的生命閱歷，也成了她創立喆方心理諮商所最強大的後盾和武器。

1. 喆方開幕時，諮商師公會理事長贈匾額 (99.03.01)
2. 所長帶領親職教育團體 (106.09.09)
3. 喆方心理諮商所的等候區
4. 喆方心理諮商所的大門

豐厚實戰積累的專業

劉所長畢業於國立台師大教育系，同學們都是希望未來能夠進入學校當老師，劉所長也不例外，當時她期望能夠回到彰化當老師，但沒想到在大三時，參加了「義務張老師」的訓練，從此改變了人生方向，從此在這個產業為人服務了大半輩子。

畢業後在救國團「張老師」擔任專職工作，劉所長做過電話輔導、晤談輔導、也做類似社工的工作，當時還曾從事「街頭張老師」工作，要主動接觸經常在外活動的青少年，要和這些外表披著刺蝟外殼而內心脆弱的青年靠近，需要大量的愛心和耐心，過程十分不易。

開創生活重心，助人為己任

在張老師機構的最後一年，劉所長考量自己的家庭與健康，只好選擇了離開孕育她並啟蒙她助人動力的地方，進入校園擔任輔導老師，對校園中的學生與他們的親子關係有更多的體認。七年後她為專心陪伴孩子而成為全職媽媽。在孩子較能獨立時，她開始接工作坊或演講，在助人領域裡樂此不疲。此時，她接觸了更多的社福團體，更加擴展了她助人的領域。

在國內通過心理師法之後，她考了特考成為諮商心理師，當時還與一群心理師們興起了合力開業的念頭，後來決定買新房並開始裝修成為合法的諮商場地，也就是現在的執業空間。

創業之初，遇到金融風暴，創業之苦，自此開始。一切都得從頭來過，劉所長對內從裝潢的每個細節、制訂與心理師的合作原則及個案進案的規章運作，對外的宣傳和講座等，幾

1. 喆方心理諮商所的大門
2. 所長在社區進行失智症議題宣導 (102.09.27)
3. 喆方心理諮商所的大型團輔室
4. 喆方心理諮商所的佈告欄
5. 所長與教師團體進行督導 (99.12.08)

乎都親力親為，所幸當時有許多真摯朋友的陪伴與鼓勵才能繼續前行，這些的艱辛滋味，點滴在心頭。

當時的民眾，只知道心理有困難就找精神科醫師，鮮少有人知道也可以尋求心理師的協助。所以為了推廣心理健康的概念，需要經常四處演講，多年下來，民眾求助諮商專業的觀念也慢慢建立，也了解心理師的存在，更建立「喆方心理諮商所」這個品牌。

支持陪伴，與個案同行，以專業協助

所裡的心理師們一向秉持著專業的精神，對來談者的真誠關懷和同理尊重的態度，他們保留著人與人之間的溫度來陪伴心裡有困難的個案，因此，「真誠關懷、專業協談、尊重保密、與你同行」，這十六個字一直是所方堅持的精神。

創業至今，各種的辛苦與挑戰不計其數，劉所長開玩笑說：「如果要害一個人，就請他去開心理諮商所。」足見她對於工作辛苦的戲謔。但她也認真分享，成為所長和單純做心理師，是非常不同的層面。作為一個諮商所的負責人、對內要與心理師們合作，自己要有接案的能力，還要有行政能力來管理所內事務，對外要懂得推展工作的方法，年度裡還要面對來自主管機關的督導、考核與稽查，這些都是要有的心理準備。

劉所長認為要助人，就必須準備好自己，最好自己的人生歷練要多一點，才能夠接受各種的挑戰。若是想要在這個領域創業，最好要多了解相關資訊，並且聽聽他人的經驗分享，才能節省許多心力。

所長應邀對做社區民眾座談 (101.11.24)

#B | 喆方心理諮商所
商業模式圖 BMC 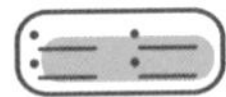

重要合作

- 中華民國幸福家庭促進協會
- 國軍台中總醫院
- 台灣電力公司
- 相關社福或非營利機構

關鍵服務

- 個別諮商
- 伴侶 / 家庭諮商
- 親職諮詢
- 團體諮商
- 專題講座
- 教育訓練

核心資源

- 多年實務經驗
- 專業心理師
- 自家場域

價值主張

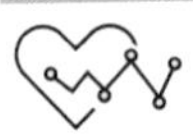

- 提供合乎專業需求的諮商場域，協助民眾克服心理與人際的壓力，調適生活的危機。

顧客關係

- 真誠關懷
- 專業協談
- 尊重保密
- 與你同行

渠道通路

- 網站設立
- 講座宣傳
- 個案推薦

客戶群體

- 人生轉折
- 發生困難者
- 成長中或家庭裡的關係衝突者
- 職場適應障礙者
- 創傷後壓力症候群

成本結構

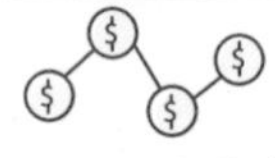

初期裝潢成本、軟 / 硬體維護的花費、心理師及行政的人力成本、專業增長的費用

收益來源

自費諮商、機構安排來的諮商、對外的講座及工作坊

#C 創業 TIP 筆記

- 將過去所學所用整合成為自己的最強武器。
- 找到自己人生中認為重要的事情，並且投入去實踐。
-
-
-
-
-
-
-
-
-

#D 影音專訪 LIVE

#A 琴心芳療

改善生活品質從放鬆開始

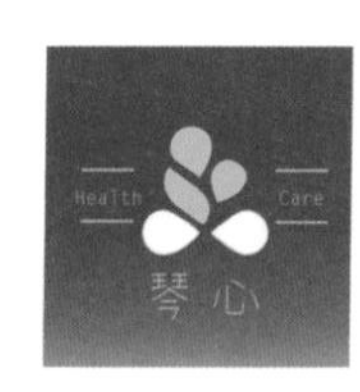

琴心芳療心靈芳療師，Tequila。教師出身的 Tequila 在教職生活中並沒有找到生活中那份熱情，因緣際會下接觸到芳療的她彷彿被打開一道新世界，幾經思慮後她離開教職體系，以芳療結合 NLP 為服務項目開創琴心芳療。

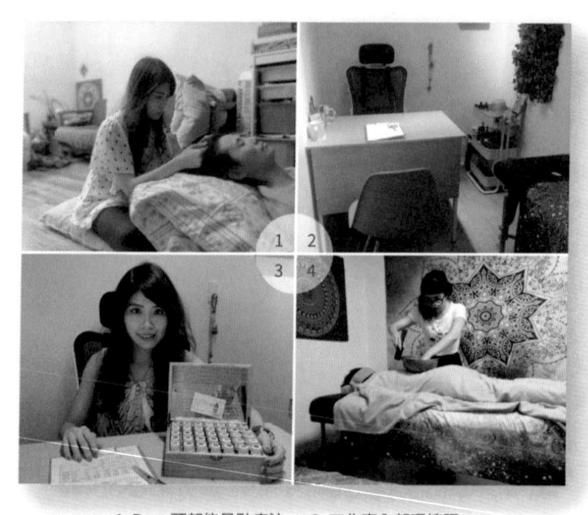

1. Bars 頭部能量點療法　2. 工作室內部環境照
3. 芳療諮詢與療程　4. 頌缽全身療癒

日感無力的職涯

Tequila 自幼便是人人口中的「模範生」，自我要求相當高，老師指派的作業總是如期繳交，從不隨便敷衍且總是認真看待交託自己的每一件事，在她的世界裡「將事情做好做滿是最基本不過的事情」，一絲不苟的她畢業進入了相當符合她性格的教職系統成為一名教師。

然而，教師生涯並沒有 Tequila 所想像得美好；教師的工作相當繁複，每天總是得盯著學生們的作業，尤其加上身在私校體系，除了學業外亦有許多需要叮囑的事務，舉例：服裝儀容、行為規矩等，成天埋在壓力下的 Tequila 過得並不快樂。另外，台灣目前面臨少子化問題，每個父母都把孩子當成至寶一般捧在手心，身為教育方的教師在執行面比起以往困難許多，即使空有一腹幫助人的熱忱，在這樣的大環境下，Tequila 只能選擇默默忍讓，日復一日地過著同樣的生活。

對生活開始產生倦怠的她於某次的推廣消息中瞥見芳療相關活動，抱著不妨一試的心態，Tequila 於線上成功報名，沒想到，這即是改變她人生轉軸的一場講座。

出乎意料的美好

芳療講座深深打動 Tequila 日漸麻木的心，她很意外簡單的香氣、按摩居然可以改變一個人這麼多，同時她也好奇一切真的有如講師說得這麼神奇嗎？因此她開始參與證照班課程並選購相關書籍，一路從初階班學到最高階課程，以自己為實驗對象開始實測起來。

沒想到一段時間後身體跟心靈竟真的產生變化，她變得不再抑鬱寡歡，整個人也比以往精神許多。讚歎於成效的 Tequila 決定繼續深究，這是第一次她線條分明的世界裡出現燦爛異常的花火。那段時間裡 Tequila 的生活可以說是完全滿檔，平日工作，週六上芳療課程，週日則是學習 NLP 療法，與此同時還要寫大量的證照班作業、做個案。雖然忙得不可開交，Tequila 卻沒有這麼快樂過，她很高興自己終於找到了喜歡的事

1. 頌缽諮詢
2. NLP 諮詢與療程
3. 新產品 - 命書水晶
4. 工作室內部環境照
5. 聲音非常療癒的頌缽

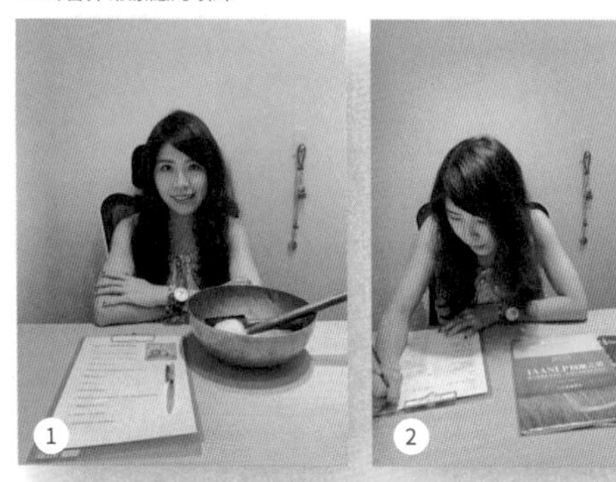

情。然而一段時日後，Tequila 卻意外被推上人生轉折點。

私立教師約聘期間為一年一聘，第三年開始則變更為二年一聘，時間很快地來到第六年。剛開始學習芳療 NLP 的 Tequila 已經開始萌生創業的想法，但對於創業背後的種種不穩定讓 Tequila 想要做足準備再開始。教職到了第六年，恰好是個段落，如果現在不開始，就得再等兩年才能啟動計畫，為此 Tequila 認真思考了幾週，最終她決定跳脫舒適圈，以「琴心芳療」為名正式創業。

幫助他人的願景

琴心芳療與一般芳療館相較增設許多特色項目，除了一般的芳療、按摩，還多了「頌缽」、「NLP」、「Bars 頭部能量點療法」、「精油抓周分析」服務，Tequila 表示自己創業的動機很簡單，她發現在現今這個世代，人們的壓力其實難以想像得大，而更糟的是，人們常常忽略身體、心靈所發出的訊息，常常是任由壓力肆虐，直至崩潰那刻才意識到事情的嚴重性。

她分享一次北上的聚會經驗，許多參與者紛紛表示最想學會的技能便是——如何減緩焦慮感——，前身私校教師的 Tequila 對此備感認同，因此她希望透過琴心芳療提供的服務改善社會現況，如同教師般透過教學幫助學生獲得知識，現在的她則是以一名心靈芳療師的角色教授人們學會放鬆，藉此幫助其擁有更好的生活品質。

比起傳統店鋪的純心靈或純按摩服務，Tequila 選擇將兩者結合以達到多元成效，她表示每個人所面臨的壓力源不盡相同，為了滿足每個族群的需求，她將服務細分成幾個小項目：親情、教育、生活、家庭、職場等，致力幫助每位顧客找到適合自己的抒發出口。

漸入佳境的自我

目前琴心芳療甫起步，Tequila 表示首要目標是衝高客流量，建立起利基市場，未來打算開設 NLP 課程與擔任講師推廣心靈芳療，讓更多人了解該產業，進一步擴大市場觸及率來幫助更多需要的人們。

對於創業這件事，Tequila 不僅沒有一絲後悔，甚至可以說是相當慶幸，她透過自家服務在匆忙緊湊的生活中穩固內心，即使面對波折也總能平靜看待，她期許未來能找到一群志同道合的夥伴一同加入團隊，以 NLP 結合芳療的課程使更多大眾受惠。

琴心芳療核心理念

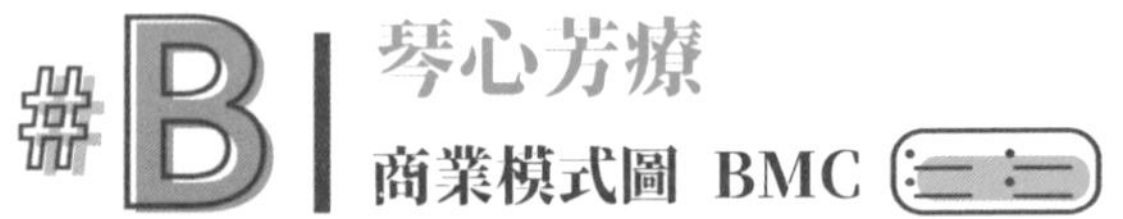

#B 琴心芳療

商業模式圖 BMC 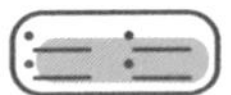

重要合作

- 材料進口商
- 命書水晶

關鍵服務

- 芳療服務
- NLP 服務
- 靈氣療癒
- 頌缽療癒
- 脈輪療癒
- BARS
- 睡眠療程

核心資源

- 執照背景
- 教學經驗

價值主張

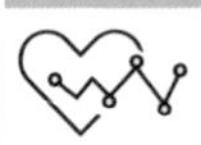

- 透過幫助人們深層放鬆改善其生活品質，重新找回身心平衡。

顧客關係

- 亦師亦友
- 雙邊回饋
- 客戶自找上門

渠道通路

- 實體據點
- 社群平台

客戶群體

- 上班族
- 家庭主婦
- 易焦慮、緊張族群
- 壓力大族群
- 睡眠困擾族群

成本結構

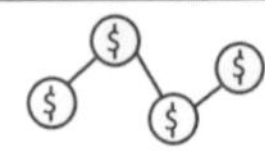

營運成本、人事開銷、進修費用、材料支出

收益來源

各項服務費用、精油產品、命書水晶

#C 創業筆記 TIP

- 致力鑽研產品差異化，創造唯有性。
- 勇於跳出舒適圈，擁抱陌生。
-
-
-
-
-
-
-
-
-

#D 影音專訪 LIVE

#A 愛爾蘭舞專門學校 Scoil Rince Taiwan

Irish Dance! Together, we dance, we grow and we shine!

李栢寧，Scoil Rince Taiwan 愛爾蘭舞專門學校老師。李栢寧說話起來慢慢的、溫溫的，從頭到腳都散發著柔和的氣質，然而一說起舞蹈，李栢寧的雙眼便馬上迸出璀璨的花火，對於愛爾蘭舞，他有著不可退讓的堅持、不容失敗的使命。

1. 20170415 都柏林世界盃領取教師證書（左為 CLRG 副總裁 Mary Lou Schade）
2. 2019 台中愛爾蘭舞蹈研習營與愛爾蘭籍老師 Sarah-Jayne MacLaverty 老師（最右）合照
3. 參加年度 CLRG 教師會議，與來自世界各國努力推廣愛爾蘭舞蹈的老師們合影
4. 2019 香港愛爾蘭舞公開賽 Hongkong Feis 台灣舞者拿到 5 金 5 銀 1 銅的好成績

愛上太平洋另一端的它

李栢寧第一次接觸到愛爾蘭舞是在名為大河之舞 (River Dance) 的愛爾蘭舞劇上，節奏分明的音樂、輕快卻不失份量的舞步馬上便吸引了李栢寧的視線，他沒有想到這麼特別的舞蹈竟能蘊藏如此巨大的能量，他的身心浸浴在名為愛爾蘭的舞池裡，隨著舞劇推進，他的背後彷彿漸漸長出一對純白的翅膀，隨時都能飛往綠白橙交織的國度。如果拿人來譬喻，李栢寧對愛爾蘭舞便是一見鍾情、至死不渝。

看完舞劇後，李栢寧心中那股難耐的激情遲遲未散，他知道這不是一時被氣氛沖昏頭的念頭，他興起學習愛爾蘭舞的想法，於是便這樣，李栢寧開始了他的舞動人生，學習過程中也開啟了飛往世界各地參加國際比賽的日子，很快地好幾年過去，李栢寧的心裡興起：「這麼棒的舞蹈文化，是時候傳承給下一代和更多台灣人民！」

學了這麼多年舞，李栢寧發現台灣人普遍對愛爾蘭舞的認知並不完整，許多人以為愛爾蘭舞 = 踢踏舞，連公眾媒體也常常將「愛爾蘭舞」與「踢踏舞」兩者劃上等號，久而久之下，國民對愛爾蘭舞的既定印象便越來越深，然而這兩者實際上存在著明顯的差異，下列三大點：

（一）、愛爾蘭舞蹈進行時上半身幾乎呈固定狀，肢體與表演相對自由的美式踢踏舞整齊一致許多。

（二）、美式踢踏舞所使用的舞鞋帶有鐵片，愛爾蘭舞鞋則類似芭蕾舞鞋，分為硬鞋、軟鞋兩種，硬鞋鞋底古早以前是於木頭鞋底釘上密密麻麻的小鐵釘，後來改良為玻璃纖維，踢出來的聲音較厚實。軟、硬鞋分別演出不同風格的舞步。

（三）、愛爾蘭舞蹈主要搭配愛爾蘭傳統音樂，曲風時而歡樂輕快，時而撼動人心。

為了普及公眾視聽，同時也為將自己熱愛之文化帶入出生這片土地，李栢寧決定開辦愛爾蘭舞蹈學校，他遠赴愛爾蘭首都都柏林考取愛爾蘭舞教師執照，成功取得證照後他便趕緊回國籌辦學校相關事宜，以「Scoil Rince Taiwan 愛爾蘭舞專門學校」之名，李栢寧開始了他的創業路。

1.4. 台灣愛爾蘭舞團於 2020 台中市逍遙音樂町開場演出
2. 2021 元旦受邀於臺中國家歌劇院演出
3. 忠於傳承愛爾蘭舞蹈，激發學員熱情，創造愛與友善的學習環境
5. Scoil Rince Taiwan 與台灣愛爾蘭舞團受邀於台中大遠百 「TOP CITY 70 周年盛宴 愛爾蘭舞蹈展演」演出
6. 一年一度的愛爾蘭聖派翠克節慶祝活動大合照
7. 台灣愛爾蘭舞團於台北世貿三館演出後，與主持人黃子佼合影

梭哈擁有的一切

李栢寧遇到的第一道難題是「地點。」愛爾蘭舞蹈使用的硬鞋鞋底為玻璃纖維 (舊為木製材質)，因此與木地板產生的共振效果相當驚人，白話點來說就是會——很大聲——，如果找一樓、二樓肯定會引發鄰里糾紛，因此李栢寧只得鎖定地下室作為目標場域，另外，他還希望找到的空間越大越好，這部份其實出自李栢寧的私心，他並不只是想單純教授舞蹈，李栢寧真正期盼的是能夠培訓出有能力足夠角逐國際賽的學生，而較大的場地能有效幫助學生盡早習慣國際賽事的規模；抱著理想藍圖，當時住在台北的李栢寧四處奔波尋找符合的地點，時經三個月，他總算在台中市南屯區尋覓到夢想空間，歷經設計、裝潢、整理種種艱辛過程，Scoil Rince Taiwan 愛爾蘭舞專門學校盛大開張。

然而，學校開了後才是真正的挑戰：招生。如李栢寧所想，台灣大眾普遍對愛爾蘭舞仍不甚了解，比起主流芭蕾舞、西班牙舞等，會特別指定學習愛爾蘭舞的族群簡直屈指可數，然而一間學校必須要有足夠的學生數才能經營下去，李栢寧心裡的壓力非常大，但他並沒有忘記對愛爾蘭舞蹈的熱愛。李栢寧透過之前工作學習到的品牌經營模式，建立品牌，搭配時下的各種社群媒體操作，與幾位資深優秀的冠軍舞者們成立學校附屬舞團－台灣愛爾蘭舞團，參與各項表演爭取曝光機會，就在李栢寧不懈的堅持下，有越來越多人被愛爾蘭舞的魅力吸引前來報名課程，學生量終漸趨穩定。

肩負兩個國家的榮譽

Scoil Rince Taiwan 愛爾蘭舞專門學校教授正統的愛爾蘭舞蹈，收的學生族群多元，除了國小、國中生外亦有許多就業人士、各年齡層的民眾都有，李栢寧表示愛爾蘭舞並不只是單純的舞蹈，許多傳承百年以上的舞步是以文字被記錄下來的，學生透過學習愛爾蘭舞的過程亦習得愛爾蘭的歷史脈絡，對李栢寧來說與其說他傳承的是「舞蹈」，不如說是「文化」本身。除了傳授愛爾蘭文化，李栢寧也希望能藉由愛爾蘭舞將台灣推向國際，他雖身為愛爾蘭舞國際認證合格教師，但他並沒忘記自己是土生土長的台灣子民，李栢寧期許能夠在這波疫情顛峰期過後，將更多台灣舞者送至世界各個國家參加國際愛爾蘭舞蹈公開賽事，讓世界看見台灣。

我也只是個平凡人

李栢寧坦言一路走來不是沒有想放棄的時候，創業接踵而來的困難與挑戰常常將自己身心俱疲，但他表示自己有不可割捨的原動力——學生——，每個前來 Scoil Rince Taiwan 愛爾蘭舞專門學校的學生皆十分認真學習，每每看及學生們專心一致的神情，李栢寧便不自覺地揚起垂下的嘴角，甩頭便脫離方才的疲累，每當看到學生站上表演或比賽的舞台，內心更是感動不已，即便未來仍會有重重的未知數，他都不會選擇放棄，於愛爾蘭許下的誓言，於學生眼眸裡探見的花火皆成了富足李栢寧心靈的養料，讓他得以如愛爾蘭人般堅毅、無畏地繼續朝著理想前進，像忠貞的愛人般不離不棄。

#B 愛爾蘭舞專門學校
商業模式圖 BMC

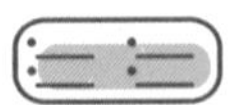

重要合作

- 企業及藝文團體
- 國際大師

關鍵服務

- 愛爾蘭舞蹈教學

核心資源

- 合格認證教師
- 專屬舞蹈教室
- 附屬專業舞團

價值主張
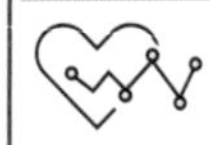

- 讓學生隨時都能感受到自己的熱情。
- 認真、忠誠地傳承愛爾蘭舞蹈。
- 創造愛與友善的學習環境。

顧客關係

- 培養歸屬感及向心力

渠道通路

- 實體據點
- 社群平台

客戶群體

- 舞蹈愛好者
- 學生族群

成本結構
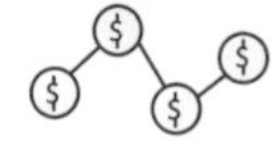

場地租借、行銷成本、營運支出

收益來源

舞蹈教學、商業演出

#C 創業筆記 TIP

- 要有異於常人的堅定。
- 莫忘初衷。
-
-
-
-
-
-
-
-
-

#D 影音專訪 LIVE

TAIWAN

#UBC

UNIKORN
UNIKORN
UNIKORN

Startup Island
TAIWAN

Startup Island
TAIWAN
我獨
創角
業，
UNIKORN
UNIKORN
UNIKORN
UNIKORN

UBC

UNIKORN
UNIKORN
UNIKORN
UNIKORN

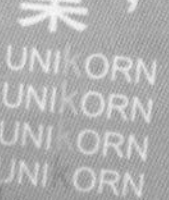

Startup Island
TAIWAN

UNIQLO | BMC（範例）

重要合作

- 迪士尼
- 皮克斯動畫
- 芝麻街工作室
- 漫威工作室
- 三麗鷗
- LINE
- 全球獨立設計師

關鍵服務

- 店內陳列
- 自製 T-shirt
- 線上排隊活動
- 顧客關係管理

核心資源

- 製造零售業
- 全球大量生產
- 產品開發

價值主張

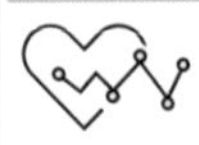

- 以合宜價格為每個人提供適合於任何時候及場合穿著的時尚、高質基本休閒服裝。

顧客關係

- 顧客查詢
- 售後服務

渠道通路

- 大型連鎖店
- 網站、應用程式
- Instagram
- Facebook

客戶群體

- 學生
- 上班族

成本結構

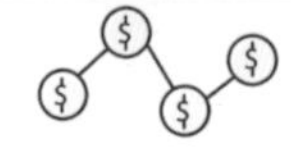

原物料、產品研發、設計成本、技術研究、營運成本、人事成本、物流成本、廣告行銷

收益來源

產品售出收益

我創業，我獨角（練習）

設計用於 ____________ 設計人 ____________ 日期 ____________ 版本 ____________

重要合作

關鍵服務

核心資源

價值主張

顧客關係

渠道通路

客戶群體

成本結構

收益來源

Chapter 2

SiangHaoPâtisserie

那些甜點師沒說出口的故事

羅暐翔，SiangHaoPâtisserie 主廚負責人。餐飲背景出身的羅暐翔一直懷抱著創業的夢想，本來想開餐廳的他苦於預算不足意外開啟甜點之路，學習一段時間後，羅暐翔以 SiangHaoPâtisserie 為名開了甜點鋪，SiangHaoPâtisserie 位於台中鬧區，整體風格舒適、清爽，以精緻的鏡面蛋糕享譽全台，甜品造型豐富多變，為時下人們為之瘋狂的打卡聖地。

1. 一覽無遺的高級前台
2. 店家出餐區視角
3. 甜點小熊 033
4. 星球 068

心中的創業種子

羅暐翔出身於餐飲背景，出社會前的他常為身為商業人士的父親製作小點，供給父親做為禮品經營人際關係，這便是他與甜點結下的第一道緣；然而甜點並非羅暐翔的專精領域，對那時候的他來說頂多算得上是興趣，他真正擅長的是中西料理，年輕的他總是想著：有一天一定要開間屬於自己的餐廳。當完兵的羅暐翔正式踏入社會，他的第一份工作是校園內的助教，然而這份工作經驗對羅暐翔來說並不是特別愉快，受僱於他人總是處處受限，一堆想法沒有空間實際發揮，講出來的話皆落為紙上談兵，羅暐翔心中不免感到挫折，甫入職場的他發現工作並不如自己所想那般，只要有能力、肯努力就能平步青雲，於沮喪之際，他倏地想起心中的夢想，羅暐翔頓時破顏一笑。

「在別人底下待不好又怎麼樣，我還可以創業啊！」

羅暐翔毅然離開職場，開始往創業之路邁進。然而，創業哪有那麼容易？開始規劃之後，羅暐翔發現要是實踐自己心目中「理想餐廳」的藍圖起碼得要有一千萬的資本額，年紀尚輕的羅暐翔哪生的出這麼多錢？苦惱的他心情有如愁雲慘霧，為一掃心中陰霾他飛過大半個地球前往另一半所在的國度——英國——見到他後，羅暐翔全盤托出現況，另一半聽及後提出改變創業方向的建議：「既然餐廳開不成，甜點店如何？」羅暐翔第一個反應是驚愕，自己對甜點並不拿手，充其量只是個門外漢，但在另一半的熱情鼓勵與年少時的糕點經驗的加乘下，羅暐翔最後決定放手一搏，以甜點為主題創業。

從無到有，背後看不見的心血

完全是甜點初心者的羅暐翔，於創業初期吃了不少苦頭，雖然對於成品有想法，但如何完整呈現內心所想又是另外一回事，羅暐翔只得重新學習理論，嘗試各種辦法學習，努力早點成為能獨當一面的甜點師。經過數月的用心研發與進

1. 實體店面正門照　2. 大理石色調用餐區
3. 玫瑰 022　4. 石頭 002
5. 紫水晶 041　6. 蒙布朗 069

修，羅暐翔成功做出心目中的完美甜品：鏡面蛋糕——集美味與美觀一身，擁有細緻設計的精緻點心——原本以為能夠一舉成名的羅暐翔並沒有如願，雖然成品一致獲得身邊親友的認可，SiangHaoPâtisserie 畢竟還是間新興企業，說知名度沒有，更沒有多餘的錢做行銷，每天能有個幾隻貓上門已經算是好的了，羅暐翔絞盡腦汁研發出來的鏡面蛋糕並沒有馬上為品牌帶來知名度。然而俗話說的好：「是金子總會發光。」於某日，一名部落客前來 SiangHaoPâtisserie 用餐並於社群網站上發文，照片上細膩、紋理分明的鏡面甜點馬上掀起一波熱潮，各大媒體爭相報導，許多人蜂擁而至就為一睹實貌、一嚐美味，頓時間 SiangHaoPâtisserie 搖身一變為公眾打卡熱點。面對這突來的爆紅，羅暐翔有吃驚、不可置信、但更多的是驕傲，自己與團隊的成果終於受到肯定，數個月來的心血並沒有付諸流水，而是在時間下匯集成一條大溪，推動 SiangHaoPâtisserie 前行。

羅暐翔並未因此驕傲自矜，他立下「每三個月研發新甜點」的目標，一方面是甜點界容易有抄襲事件，必須得不停求新求變才能站穩市場，另一方面則是為鞭策自己不斷精進，保持對創作的熱情。

我想跟你說的話，都藏在這裡

SiangHaoPâtisserie 的每一道甜點都有背後的故事，像是近期推出的「水晶椰子」便是羅暐翔前陣子的心情寫照，那段時間內他諸事不順，老是到處犯小人，覺得自己根本就是水星逆行，創作時他靈感一來便將其融入創作；羅暐翔觀察生活周遭事物，並保持熱情的活力，陸續開發了許多新作，舉凡「隕石」、「櫻花樹」「炸彈」等。

除了研發新品，羅暐翔也相當重視品質，即使是店裡最便宜的蛋糕，他也堅持要百分之百完美才能交給客人，在這樣的把關下，SiangHaoPâtisserie 累積了許多死忠顧客。羅暐翔分享曾經有一對老夫婦特地從基隆南下就為了吃他們家的蛋糕，夫婦倆品嘗後還特地邀請羅暐翔出面，就為親自答謝他做出這麼美味的食物，羅暐翔永遠不會忘記那天，白髮蒼蒼的阿伯緊握住他的雙手，直直的望進羅暐翔雙眼開口道：「謝謝你，這是我這輩子吃過最好吃的甜點！」諸如此類的正像回饋非常多，在羅暐翔嚴謹的品管下，SiangHaoPâtisserie 漸漸成了大家心目中送甜點的首選店家，消費者相信在羅暐翔的巧手下甜品能夠完整表達自己欲寄託的訊息，可能是一段話、一次賠禮、一段感情。也是這樣無條件的信任，給了羅暐翔自信和動力持續創作出更多美味、美好的作品。

隨時做好最壞的打算

一路走來，羅暐翔並不是特別順遂，雖然他付出的時間、心力從不亞於別人，但殘酷的現實並不總是領情，羅暐翔不是沒有想過會失敗，但他接受失敗的可能，並無畏地向前邁進，靠著這股執念 SiangHaoPâtisserie 成功發光發熱。

#B | SiangHaoPâtisserie
商業模式圖 BMC

重要合作

- 物流廠商
- 材料進口商
- Holo+FACE

關鍵服務

- 甜點販售
- 甜品客製化
- 彌月禮盒

核心資源

- 中西餐飲經驗
- 特殊裝潢

價值主張

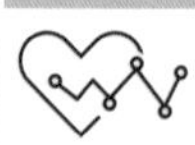

- 營造高級、輕鬆的環境供消費者用餐，以精美甜點連結人心。

顧客關係

- 品質至上
- 客戶為尊

渠道通路

- 實體據點
- 社群平台

客戶群體

- 欲送禮者
- 喜歡甜品族群
- 社群網路使用者
- 女性

成本結構

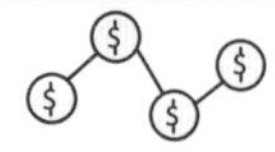

材料進口、營運成本、人事支出、進修費用

收益來源

- 甜點販售

#C 創業筆記 TIP

- 持續研發創新，帶給消費者驚喜。
- 喜歡再創業，不喜歡只是徒增痛苦。
-
-
-
-
-
-
-
-
-

#D 影音專訪 LIVE

#A 啟動健身中心

啟動您的播放鍵，運動隨時可以 Action go！

王培丞 (Eason)，啟動健身中心的執行長，醞釀多年的健身教練經歷，爾後創立台中第一間以分計費的健身房，經濟實惠的收費及十足的便利性在競爭激烈的健身產業闖出名號，親民的服務及會員制度希望帶給大眾充滿溫度的健身房。

1. 多功能訓練區
2. 女性專屬訓練區
3. 自由重訓區
4. 挑高明亮寬敞訓練場地

不安於現狀，踏出舒適圈

Eason 原本是位職業軍人，工作穩定、薪資條件也不錯，但不安於現狀的 Eason 覺得應該要學習一些技能，喜歡運動的他就在朋友的推薦之下考取證照，也順勢進入連鎖健身房擔任健身教練一職，歷經五年的經驗累積，Eason 對運動產業愈來愈有興趣，於是創立了小型的訓練工作室，專門規劃一對一的教練課程，也因為健身教練是一個需要頻繁接觸人群的職業，逐漸改變了 Eason 原本木訥的個性，久而久之，也覺得運動產業很有趣且很有發展潛力，想要將規模再擴大，Eason 便寫了企劃書招集志同道合的朋友們一起合作，創立了「ACTION FITNESS 啟動健身中心」。

新型態健身房，打造台中第一間

現代社會運動風氣盛行，大眾的運動觀念也愈來愈普遍，許多健身房林立、運動產業競爭強大，市面上許多連鎖健身房雖然規模大、月費卻偏高，而啟動健身中心佔地約 300 到 500 坪，屬於中小型規模的健身房，起初設定的目標客群在於年輕族群，所以門檻低，是台中第一間以分計費的健身房，不需要繳月費或綁合約便可以馬上運動、進場享用運動設施，對於學生族來說負擔較少，繁忙的上班族也可以彈性運用自己的時間，時間彈性、收費又便宜，另外，啟動健身中心也是有一對一的教練課程，所以也有像是老人家執行復健、職業婦女想要培養運動習慣等等的客戶會找上門來，客戶年齡層其實十分廣泛。

啟動健身中心的標誌是個三角形，其中的「ACT」就是「Action」的意思，就如同播放器上啟動的按鍵，意味著只要你願意運動，隨時都可以按下按鍵、開始行動，而「專業、便利、服務、溫度」是啟動健身中心最想帶給客戶的核心價值，雖然收費便宜但專業度可是一點都不扣分，為了讓客戶信服，啟動健身中心內部的員工都會定期開會，也會舉辦課程和在職訓練，並定期測驗及訓練教練；此外，Eason 想要打造的是一間充滿溫度的健身房，他不希望客戶上門來運動面對的是冷冰冰的櫃檯和器材，也不希望健身房變成讓人感到壓迫的地方，所以他教育員工不需要強迫推銷，而是介紹健身房的優點，不只提供專業的運動知識，也真誠地跟客戶互動，Eason 也要求

1. 接待門廳
2. 國外知名品牌器材
3. 國外知名品牌有氧器材
4. 團體有氧教室
5. 多功能訓練區、器材區
6. 提供會員舒適休息空間

員工在乎客戶的感受、重視客戶的反饋，把客戶當糾察隊，如果有任何負面評價或抱怨，也會全力去修正。

身分轉換，落實雙向溝通

原本是運動產業旗下的健身教練，如今搖身一變成為健身中心的執行長， 不再只是個體，而是要顧及全方位，找場地、內部裝潢、logo 設計、公司經營管理、遴選人才等等，公司所有大大小小的瑣事全都落在 Eason 的肩上，即使人在外頭還是心心念念著公司，也沒有休假，工作早已變成生活的一部分，雖然辛苦，但因為熱愛這份工作 Eason 很樂在其中；而面對如此重大的身分轉換，Eason 最在意的就是員工對公司的想法，他個性直接所以很注重溝通，他很樂意聽取員工的想法，也會詢問員工的意見，他認為有效的雙向溝通才是良好的公司管理。

除了健身房，啟動健身中心品牌在行銷上也別有用心，有別於一般健身房在宣傳上強調方案的價格，啟動健身中心則是宣傳品牌故事和經營理念，Eason 也積極打造自己的專屬品牌，開發周邊商品並販售，還找來設計團隊拍攝影片做廣告行銷，在場館內的電視牆、Facebook、Instagram 做曝光，並放上學員訓練前後的照片讓大家看到實際的成果，網站上也會不定期放上教練的訓練過程，不強迫行銷而是介紹健身房的實質優點，也更能貼近客戶的心。

純粹的堅持，莫忘初衷

啟動健身中心至今已經創立三年，也開了第二間分館，前陣子因疫情衝擊太大，許多同行都面臨停業，而啟動健身中心仍然屹立不搖，Eason 謙虛認為能夠生存下來是因為幸運，雖然公司經營已經趨於穩定，但 Eason 也不因此安於現狀，他不自滿反而是把腳步踩穩、慢慢前進，希望未來可以擴大公司規模，並期許可以擁有十間以上的分館。

「成功的企業家跟失敗的企業家，差別只在於純粹的堅持」是 Eason 想要跟創業家分享的話，他認為其實創業並不難，難的是堅持，除了有想法還要用心經營，並衡量創業的規模有多大，最重要的是要問自己「準備好隨時接受挑戰了沒？」，他認為「莫忘初衷」四個字很常被掛在嘴上，但卻很難執行，一旦決定開始了就不要輕易停下腳步，永遠不要忘記當初為什麼想要創業的念頭。

#B | 啟動健身中心

商業模式圖 BMC

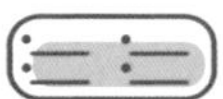

重要合作

- 設計團隊
- 廣告行銷團隊

關鍵服務

- 運動諮詢
- 體適能訓練
- 營養師諮詢
- 健身訓練研習
- 物理治療師顧問團隊
- 運動按摩

核心資源

- 健身教練
- 物理治療師
- 營養師

價值主張

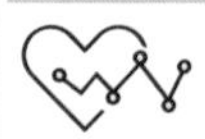

- 以分鐘計費、月費、訂閱制等的多元化彈性收費方案的健身房，以符合現代人的忙碌生活習慣。

顧客關係

- 需要主動
- 個人協助

渠道通路

- Facebook
- Instagram
- 體驗行銷
- 官網

客戶群體

- 所有想要運動、訓練體能的人
- 學生族
- 上班族

成本結構

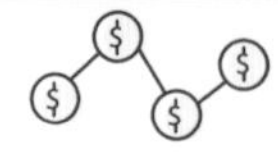

運動器材、周邊產品開發、人力、行銷

收益來源

- 學員會費

#C 創業 TIP 筆記

- 雙向溝通很重要，願意聽員工的想法和意見，才可以理解員工對公司真正的評價。
- 創業最難的是堅持，一旦決定開始了就不要輕易停下腳步。
-
-
-
-
-
-
-
-
-

#D 影音專訪 LIVE

#A 肌極運動—台南健身工作室 (Postitive Sport Box)

想要成就自己，現在開始積極運動！

唐正，肌極運動－台南健身工作室（Postitive Sport Box）的負責人，從小就熱愛運動，累積了多年健身教練的經歷，抱著想讓身邊的人變得更健康有活力的信念，創立肌極運動，希望大家透過運動改善生活，在運動中獲得成就感、喜歡上運動。

1. 肌極運動大門口　2.3.4. 室內運動空間

只在乎幫助過多少人，真誠對待每個需要幫助的學生

阿正從小就熱愛運動，參加過田徑隊、籃球隊，到踏入運動選手生涯、甚至入選國家隊選手，畢業後在國外的度假村當健身教練，還前往哈爾濱學滑雪、到上海當教練，回台灣後一樣從事健身產業，當大型健身房的教練，看過世界、累積了多年健身教練的經歷後，阿正更清晰自己的目標，也體悟到健身運動對他的意義，決定從健身教練轉為經營者，創立了「肌極運動－台南健身工作室－ Postitive Sport Box」。

其實阿正一直都有創業的夢想，原先在大型健身房當健身教練的他，因為健身房以營利為導向，教練都需要背負業績壓力，但這已經遠遠偏離他原本選擇當教練的目的，加上家人生了重病、歷經生死關頭，也讓阿正體認到健康才是最重要的，他創業的動機其實很單純，就是想要讓身邊的人變得更健康更有活力，有別於一般　市面上的健身房，以健美為主，追求腹肌、胸肌、翹臀等的體態；肌極運動主要幫助學員強化身體，透過運動改善生活品質、提升身體功能性，進而在運動中獲得成就感，並喜歡上運動。

不同於大型健身房需要排隊使用器材，在肌極運動裡學員有自己的空間，獨立式的訓練、著重個人隱私，就像在自己家裡運動般舒適，阿正也強調要讓學員上課要有效率，不是只面對冷冰冰的器材埋頭做訓練，而是有教練教學、一起運動，館內的課程涵蓋了一對一私人教練、拳擊、運動按摩、交叉訓練、間歇訓練等的課程，不僅侷限於室內空間，也可以學籃球、游泳等的戶外運動，所以客戶年齡層很廣泛不只著重於上班族及學生，課程內容多樣且根據客戶需求客製化，特別的是，每個階段收費也都不同，學員到達一定程度的高階訓練課程後，穩定度及協調能力都能跟得上，教練只做課程的安排和器材安全使用的把

1. 肌極運動大門口　2. 拳擊課程空間
3.4.5. 室內運動空間

關，收費反而會更低，阿正說道，肌極運動不是個硬梆梆的商業空間，而是個樂於分享、真誠交流的地方，他希望學員來這裡可以挑戰自己、得到成就感，也希望跟學員之間是有互動、有溫度的，不單只是教練跟學生的關係，更像家人與朋友。

身分轉換，天天有挑戰

隔行如隔山，從運動員到教練再轉成經營者，每天都是一大挑戰，創業初期資金常常不足、入不敷出，也曾經付不出薪水，所以成本控制得當是最重要的課題，加上行銷、美編、文案等許多經營管理的問題也都一竅不通，是公司負責人也身兼教練的阿正還曾經忙碌到一天上了將近 11 堂課，沒有多餘時間處理公事，時間安排上也是一大考驗，因此阿正也開始培養教練和團隊，或是栽培有意願當教練的運動員，讓他們未來有出路；阿正說到：「我一直跟朋友說我很幸運，每到難關都會有轉折點」一路走來雖然辛苦，但阿正很感恩在每每遇到挫折時幫助他、教導他的貴人。

接受失敗，學會等待

「接受失敗是必備的能力」阿正說道，每次失敗都要學會承受，從中吸取經驗再加以調整，成功沒有絕對的模式，每一個人成功的路也不一樣，不要急於一時，學會等待很重要，不要急著追求眼前的利益，要有自己的規劃和節奏，先把現階段的事情做好，一步一步來，在龍爭虎鬥的健身產業裡，阿正腳踏實地、不去比較，他的目標一直很明確也很純粹，就是想告訴大家的是健身不只是體態與肌肉的改變，更是為了強身健體、有更好的生活，用運動跟其他人做連結、進而喜歡上運動。

未來，阿正希望先加強經營管理的學習，並期許在五年內拓展兩到三間工作室，甚至可以建立運動中心，有專屬的球場和跑道，進而帶起運動產業的新風潮，也希望可以帶領學員多方嘗試其他像是登山、露營、釣魚、水上活動等的戶外運動；運動員出身的阿正也希望可以回饋社會、出一份力，與各大運動協會及學校合作，舉辦活動或講習跟小運動員分享運動觀念，也幫助想健身而不知道從何開始的運動員，避免傷害、正確且有效率的運動。

「成就自己，也成就別人」，看到學員一點一滴的成長就是阿正最大的動力，談起最難忘的學員，阿正說道，有位高齡 95 歲的爺爺，為了想參加孫女的畫展而找上阿正，起初連爬樓梯都有問題，走路也需要仰賴拐杖，經過好幾個月的訓練，爺爺已可以不再依賴拐杖自行走路了，當下的感動無法言喻；幫助學員製造成就感，同時也是成就自己，阿正一向真誠對待每一個學員，也樂於分享運動經驗跟專業知識，為的就是希望讓更多人認同肌極運動的品牌價值，想到肌極運動就能感受到它的溫暖與真誠。

#B | 肌極運動健身工作室
商業模式圖 BMC

重要合作

- 各種運動教練
- 運動協會、學校

關鍵服務

- 一對一私人教練課程
- 運動按摩
- 交叉訓練課程
- 間歇訓練
- 拳擊課程
- 肌肉伸展

核心資源

- 各種運動專長
- 體適能訓練

價值主張

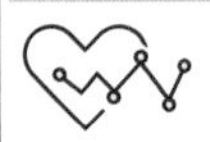

- 真誠對待客戶，按照客戶需求安排適合的訓練課程，並給予個人空間，保有隱私。

顧客關係

- 需要主動
- 個人協助

渠道通路

- facebook

客戶群體

- 想強化身體的人
- 想改善生活機能的人
- 想雕塑體態的人

成本結構

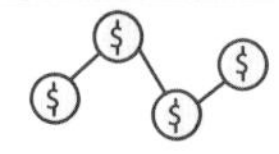

器材維護、人力成本、行銷

收益來源

- 學員會費

#C 創業筆記 TIP

- 接受失敗是必備的能力，每次的失敗都要學會承受，從中吸取經驗再加以調整，因為成功沒有絕對的模式。
- 真誠對待客戶，客戶也能感受到你的熱情和你對產業的熱愛。
-
-
-
-
-
-
-
-

#D 影音專訪 LIVE

全瑩生技

雙贏三贏？我要的是全贏！

全瑩生技
TRADE WIND BIOTECH

何政育，全瑩生技營運長。三類組出身的何政育發現許多學長姊畢業後並沒有選擇科系相關的工作，他對此覺得十分遺憾，為了替自己與後輩另闢新徑，決定以合成生物學科技為方向，全瑩生技股份有限公司於 2016 年正式成立。

1. 2020 亞洲生技大展大成功
2. 全瑩生技做你研發的強力後盾
3. 員工電影欣賞教育訓練
4. Meet Taipei 創新創業博覽會圓滿落幕

落實學以致用

何政育年輕報考大學時，毫不猶豫地選擇了三類組，所謂的三類組比起其他類組需要多準備「生物」學科，因此大多選擇三類組的人皆是奔著醫學與製藥領域前去，何政育亦不例外，他心懷著濟世救人的宏願以三類組的名義考上了優秀的大學。然而，於求學過程中，他卻發現畢業後實際擔任相關產業的人數並不多，大部分的學長姐不是跑去當耗材類業務，就是當保險人員，他對這樣的情況感到不解，同時也相當惋惜，他心想：

「大家念了這麼久的書，沒有機會運用專業的話也太可惜了吧？」

為此他興起創業的念頭，一方面是給自己新出路，一方面也是想告訴同樣念三類組的同學們，我們所學叫做「生物技術」，既然叫做技術的重點就是要實務應用，讓學以致用不只是口號，而是一項可以具體落實的行動。

累積經驗蓄勢待發

然而，殘酷的現實是，此時的何政育還只是個剛出社會的小伙子，雖然滿懷熱情與想法，卻沒有相對應的技術與能力，何政育決定先就業累積經驗，並同時籌畫創業相關事宜，靜待時機成熟那日，再開始正式啟動創業企劃。

短短數年內全瑩生技參與許多創業競賽並屢獲佳績，在創辦過程中發現珍稀原物料市場相當具有潛力，許多投資人亦相當看好全瑩生技的企劃，建議是時候以蝦紅素為主要項目開辦企業，更是個適合鏈結巨型國際市場的項目。2016 年，全瑩生技科技股份有限公司成立。

回饋孕育生命的世界

全瑩生技是台灣第一家以合成生物學為經營主軸的生技公司，除了因為其技術與何政育本人專業相符，另一方面則是想以透過技術將世界導向良善的軌跡。全球技術輝煌發展的背後其實潛藏著無數的犧牲，如物種的滅絕、自然資源的剝奪等等，人們活得更便利、更輕鬆，其他生命的生存空間卻不斷地被限縮、甚至消失。何政育對此並不樂見，他認為人文發展固然重要，但還是得顧及生態間的平衡，肆無忌憚的破壞並不是最好的

1. 全瑩生技一廠位於宜蘭頭城
2. 全瑩生技保健食品產品
3. 全瑩生技保養品 NAFU LIFE
4. 工廠落成並取得食品工廠認證

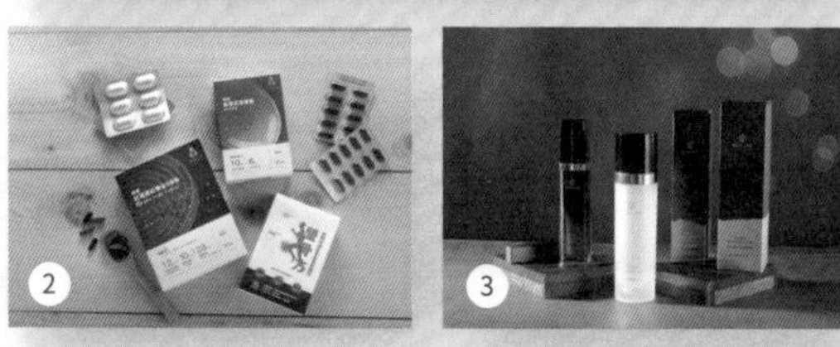

選擇，也不會是唯一的選擇，為此他一心致志開發出能夠取代現有珍稀天然物的生產方法，他的願景是每開發一個生產平台就能幫助一個物種、就能給這世界多一點的溫暖，即使開發過程漫漫無期，失敗總是相隨左右，何政育從沒有想過放棄。

皇天不負苦心人，歷經為數不短的研發期，何政育找到名為「蝦紅素」的解答；蝦紅素是天然的類胡蘿蔔素，主要存在於藻類及海洋動物中，其具有特殊的構造且擁有極強的抗氧化力，透過全新的量產方法，將能取代目前市面使用的珍稀原物料來源，亦能排除過度捕撈磷蝦，任意排放藻類養殖廢水等問題，不造成生態鏈與環境破壞。何政育透過發酵設備成功提高產能，品質更是不在話下的出眾，所產出的蝦紅素為抗氧化力最好的 3S 3'S 結構原料，更關鍵的是其生產過程能耗相當低，廢棄物的排放量也列於可控範圍內，何政育知道身為企業家必須考量營利，但在營運允許的情況下他選擇將永續、再生擺在首位，正如他的創業理念一般，何政育認為所有的事情都有選擇，所謂無可改變的現況，只是出於人們尚未發現、挖掘出其他可能性，而他的使命便是找出這些可能性並呈現於世人面前。

何政育透露雖然失敗在研發中可說是家常便飯，但在看不到盡頭的開發路上，說不著急、不沮喪是騙人的，然而每當氣餒之際，身邊的團隊總會紛紛跳出來鼓勵他，何政育並不是沒有想過相對輕鬆的做法，但他知道這並不是自己與團隊所追求的願景，何政育表示十分慶幸自己身邊能有一群志同道合的團隊，若沒有他們，就沒有今天的全瑩生技。

人對，事情就對

一路走來何政育表示最感謝的還是自己的夥伴，他提及夥伴其實有兩種寫法：

(1) 伙：人不對，整肚子火，事情永遠做不好。

(2) 夥：人對了，才會成為一同累積成功果實的堅實團隊。

而何政育認為自己很幸運地擁有的是後者，便是這群「夥」伴一路陪著他向前，對於他來說，夥伴並不亞於客戶，兩者皆是何政育前進的一大動力。

何政育建議所有的新創企業必須學會適當分配資源，他瞭解新創團隊總是會有許多想嘗試的項目，然而起步的企業擁有的資源並不多，在選擇上更應謹慎，他提議新創家們可以以創業核心思想反思企業走向，才能夠在不偏離初心的情況下朝著目標正行。

另外，何政育也提及世界走向已與傳統大廠獨佔市場的情況有所不同，於現今制度下，企業家互助合作，有些人提供技術，有些人提供渠道，共享彼此資源進而創造最大效益才是王道，這也是全瑩名稱寄託的宿願——全贏——，何政育希望透過全瑩這個平台串聯商業，打造出每個人都能從中受惠的新產業模組。

#B | 全瑩生技股份有限公司
商業模式圖 BMC

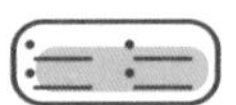

重要合作
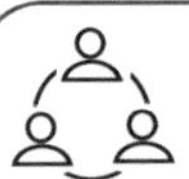

- 海外團隊
- 鮭魚養殖
- 巨型發酵、萃取廠

關鍵服務

- 細胞編輯
- 發酵代工
- 功能性原料、保健品、保養品販售

核心資源

- 職員
- 研發技術
- 生技背景
- 獨家專利

價值主張
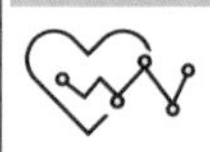

- 以合成生物學科技進行細胞編輯，建立「珍稀天然物細胞工廠」，並藉此生產珍稀天然物，提供全新珍稀天然物生產方法。

顧客關係

- 互利合作
- 健康輔助
- 商務鏈結

渠道通路

- 實體據點
- 電商平台
- 新媒體業務
- 類直銷通路

客戶群體

- 壯年族
- 中老年人
- 社會人士
- 愛美水水

成本結構
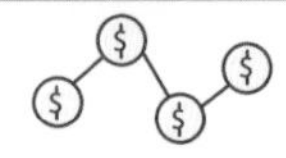

研發費用、營運成本、人事支出、設備購入、進口物料、委外代工

收益來源

委託研究、產品銷售、技術授權

#C 創業筆記 TIP

- 研發產品前先思考其能予社會帶來何種價值。
- 學會取得商業與志業間的平衡。
-
-
-
-
-
-
-
-
-

#D 影音專訪 LIVE

岩寬生醫有限公司

醫美界大革命，無創美容走起！

岩寬生醫
ACHELOY BIOMED

陳槿唐，岩寬生醫有限公司執行長。年紀輕輕的陳槿唐原本是一名疫苗研究學者，一次異位性皮膚炎相關的演講觸動陳槿唐的內心，抱著幫助他人的心態，陳槿唐創立岩寬生醫，主力推廣不含任何藥物卻能結構性修護的醫療級商品。

1. 岩寬生醫信義旗艦館辦公室 (世貿一館 01)
2. Molly-Jet 基因脈衝槍體驗會
3. 岩寬生醫招商大會
4. 快樂扶輪社演講 - 後疫情時代預防醫學的肌膚保養面面觀

眼淚匯集而成的創業蹊徑

頂著台大預防醫學出身的陳槿唐，畢業後順利地進入知名的長庚醫院工作，整天泡在實驗室的她最大的休息娛樂就是參加醫院舉辦的演講，這一天，陳槿唐一如往常地走進演講會場，她沒料到的是，這場演講即將改變自己的一生。

當天的演講主題為異位性皮膚炎，這並不是陳槿唐平常所熟悉的醫學研究主題，在演講過程中她才得知原來異位性皮膚炎並非後天養成，而是深埋在基因底層的先天疾病，而世界上許多人深受該疾病所苦，除了病患本人得忍受疼痛、發癢的苦楚，照護者也承受著許多壓力，像是他人批評的聲音與歧視的眼光，或是目睹心愛之人受苦卻無能為力的心情；演講中有許多患者輪流上台分享自身故事，其中不乏講到潸然淚下的民眾，處於悲傷氛圍中心的陳槿唐不禁眼眶一熱，斗大的淚珠撲簌撲簌地掉了下來，她的心泛著苦澀的酸楚，陳槿唐禁不住想：

「為什麼沒有可以幫助這些人的產品呢？」

台灣擁有上等的原料、享譽國際的醫學研發技術，卻沒有人利用這些寶貴的資源設計出不含藥物卻能專門醫治異位性皮膚炎的商品，陳槿唐對此感到十分惋惜，她耳語似地低喃：「如果能有一個專業的研究團隊……」喔不對！她自己就是研究人員啊！既然我有能力的話，為什麼不去做呢？就這樣，從一個念頭出發，陳槿唐開始招募志同道合的教授、學者們加入她的團隊，協力著手研發相關產品，這便是岩寬生醫的雛型。

意外踏上不歸路

在陳槿唐與其團隊的努力下，第五版的改良產品已非常成熟，除了能夠有效減緩、遏止皮膚炎帶來的不適與疼痛，亦能有效降低復發機率，但這時的陳槿唐並沒有正式創業的想法，真正開始是起於客人關於發票的詢問，隨著訂單數增加，諸如此類的問題日漸增加，陳槿唐心想不如開間小公司吧？對帳起來也比較有跡可循。2018 年，以「岩寬生醫」為名，陳槿唐正式創業。

除了異位性皮膚炎，在顧客們積極的回饋下陳槿唐發現了新的市場需求——婦女病——。現代女

1. 國璽幹細胞技術轉移簽約典禮 -「自體高濃度血小板血漿製劑製程技術」技術授權簽約儀式
2. 岩寬生醫信義旗艦館美容體驗室
3. Molly-Jet 基因脈衝槍體驗會
4. 岩寬生醫信義旗艦館辦公室 (世貿一館 02)
5. 岩寬生醫旗下研發 ATOPURA 修護系列及 BIOPURA 抑菌系列產品
6. 岩寬生醫招商大會 -VIMI 薇迷、Speio 希貝妍大合照

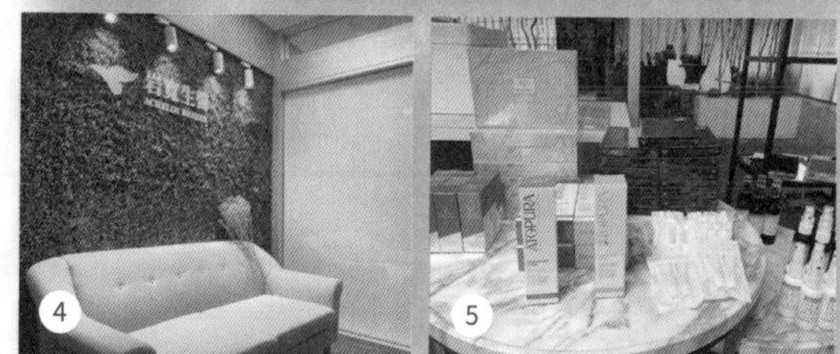

性長期處於高壓職場環境，忙起來別說運動，連喝水的時間都沒有，長期下來很容易引發私密處發炎、感染，此外，亞洲女性普遍排斥內診，前往婦產科就診可說是多數女性的噩夢，因此許多人寧願在床上翻滾忍受腫脹的痛楚也不就醫，再者市面上許多商品皆偏保養向，一但進入發炎階段便不再適用，此般「堪用不專用」的市場現況並沒有順利解決現況，為此陳槿唐與團隊特別研發出針對私密處使用的噴霧與凝膠，其主成分榮獲六國專利外亦獲取第一級醫療器材許可證，透過此種主成分能夠殺死六百多種結構相似的病毒，有效解決私密處病況並大幅降低復發機率，商品一出便引發熱議，且成功造福許多女性消費者，很快地便榮登岩寬生醫熱門商品 Top1。

當挫折成為日常

看似前程似錦的岩寬生醫，其實也是一路顛簸才走到現在，沒有商業背景的陳槿唐遇到的第一道難題是金流控管；每天一早睜開眼睛的她想的只有一件事：

「錢要從哪來？」

研發費、人員費、場地租借費等，只要公司還在營運的一天，這些支出便會日以繼夜地追著她身後跑，身為一個經營者，陳槿唐知道她不能只想著自己，同時也要顧慮到底下的員工以及他們的家人，為此，公司遭遇營運困難的那陣子，陳槿唐連飯都不敢吃，就希望能多省下那一丁點錢來貼補企業，壓力大到一年內總共送了四次急診，還患上心因性偏頭痛，但陳槿唐並沒有選擇放棄，她告訴自己：「我是老闆，我要讓公司活下來。」靠著這股韌性岩寬生醫才撐過新創初期。

陳槿唐表示客戶的回饋是她的一大動力，每當現實打擊將她打得體無完膚，精神瀕臨崩潰之際，她總會去回憶顧客體驗商品後的臉上那抹驚訝交雜驚喜的笑顏，那份絕對的肯定，好幾次把陳槿唐從暗不見天日的絕望中拯救出來。

寄託品牌裡的願望

岩寬生醫的英文名稱是 Ache(疼痛)+loy(消失)，希伯來文的發音可稱為”alkol eleh”，意思為「上帝的恩典」，Achelois 將洗刷人們的痛苦視為己任，並總是回應呼救的人；陳槿唐認為這與她創辦企業的理念不謀而合，陳槿唐希望能以研發的力量，創造出能讓人們免於苦痛的商品，而她也的確做到了！從一開始的異位性皮膚炎產品到私密處維護以及醫療級技術與產品研發，岩寬生醫團隊用堅強的研發實力打造出人們心中的夢想逸品，多年前演講留下的感動羽化成實體，帶領人們遠離痛苦的深淵，前往綺麗新天地。

陳槿唐表示未來希望將岩寬生醫打造為醫美無創界的第一品牌，她對團隊的研究成品相當有自信，並宣告痊癒等於疼痛的時代已經結束，岩寬生醫將以集新興技術一身的強力商品掀起無創醫美界新帷幕。

#B 岩寬生醫有限公司
商業模式圖 BMC

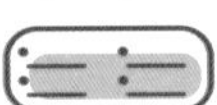

重要合作

- 政府機關
- 醫美診所
- 海外企業
- 美容機關

關鍵服務

- 研發專業
- 修護凝膠
- 私密處保養品
- 秘密商品（籌備中）

核心資源

- 專業團隊
- 研發背景
- 六國專利
- 一級醫療許可證

價值主張
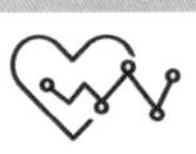

- 以預防醫學為基礎研發保養產品，提升敏感肌膚者生活品質。

顧客關係

渠道通路

- 實體據點
- 社群平台
- 電商官網

客戶群體

- 小資女
- 上班族女性
- 異位性皮膚炎患者
- 過敏肌
- 問題肌膚

成本結構
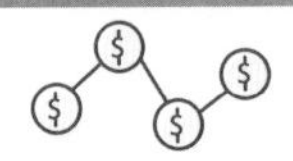

研發費用、場域租借、人事成本、裝潢設計、營運開銷

收益來源

產品販售、產品研發 OEM,ODM
醫學演講

#C 創業筆記 TIP

- 擁有獨家專門技術，開發滿足市場需求產品。
- 尋找產業缺口，搶奪先機。
-
-
-
-
-
-
-
-
-

#D 影音專訪 LIVE

蕾 輕奢｜美學皮膚管理中心

健康也可以很漂亮，幫你從頭顧到腳

AFFORDABLE LUXURY BEAUTY
蕾．輕奢｜美學

王馨梅，蕾 輕奢｜美學皮膚管理中心企業執行長。護理系出身的王馨梅整日忙於工作，為增加陪伴家人的時間她決定投入創業，對「變美」這件事相當有興趣的她以美容業為方向，王馨梅協同幾位夥伴於業餘時間撥空學習美業相關知識、技術爾後開店。

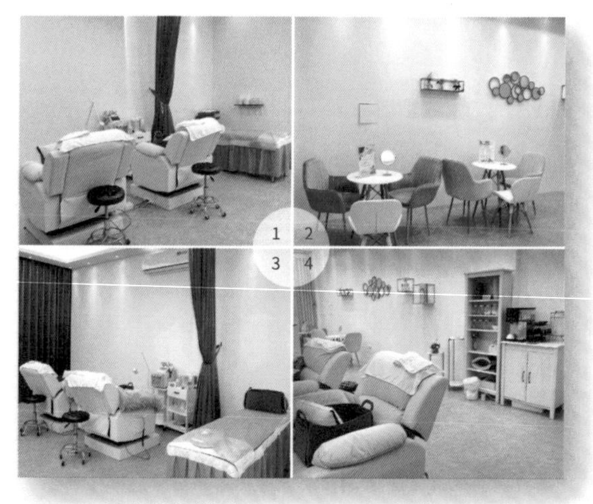

1.3. 寬敞空間自帶舒適感　2. 暖系色調等待區
4. 美容師工作臺

不當護理師，我能做什麼呢？

台灣護理業長期處於人事極度緊縮的狀態，身處在龐大的工作壓力下容易導致家庭失和、情緒不穩、健康失調等問題；王馨梅也是其中之一，三班輪調的工作模式與常態超時加班讓王馨梅待在醫院的時間比家裡還多，常常回到家已是三更半夜，即使想儘量多撥出一點時間陪伴家人，但在一個人當十個人用的護理業她實在心有餘而力不足。對這樣的現況王馨梅感到十分無力，每每孩子天真地開口問自己：「媽媽為什麼都不回家呢？」她總是只能苦笑回答：「因為媽媽要賺錢錢呀！我們家小寶貝才能好好長大哦。」諸如此類的話。然而，真的要為了孩子的未來，錯過孩子的現在嗎？王馨梅的答案是：不！

她決定離開護理界另闢新徑，對於保養、化妝自有一番心得的王馨梅決定以美容業作為方向創業，為了順利轉換跑道，她利用所剩無幾的下班時間與幾個志同道合的同事一齊學習美業相關專業知識、技能，緊繃繁忙的行程下，王馨梅經常整天下來連喝口水的機會都沒有，然而對這一切她沒有任何抱怨，每當精疲力盡之際，王馨梅只要試想孩子引頸期盼等她回家的模樣，便渾身充滿能量。作為一位母親，她可以是孩子的軟盾，也可以是為他衝鋒陷陣的戰士，此時的王馨梅位於名為「創業」的沙場上殺敵致果，勝利的獎賞是「自由」。

護理 + 美容 = 打從心底漂亮

學習告一段落的王馨梅與同事們共同創業，於2020 年創辦蕾 輕奢｜美學皮膚管理中心，王馨梅希望能透過這間公司實現大眾對「美」的期待。

蕾 輕奢｜美學皮膚管理中心是全臺目前唯一一間進駐護理師的美容中心，王馨梅運用自己的護理專業結合專業皮膚管理技術，多年的護理師經驗讓她有能力辨別不同原料、成份各自用途，除了效果，王馨梅亦相當重視使用產品是否對人體友

1.2. 天然無添加產品
3. 協理 Demi
4. 副協理 Amber
5. 企業團照

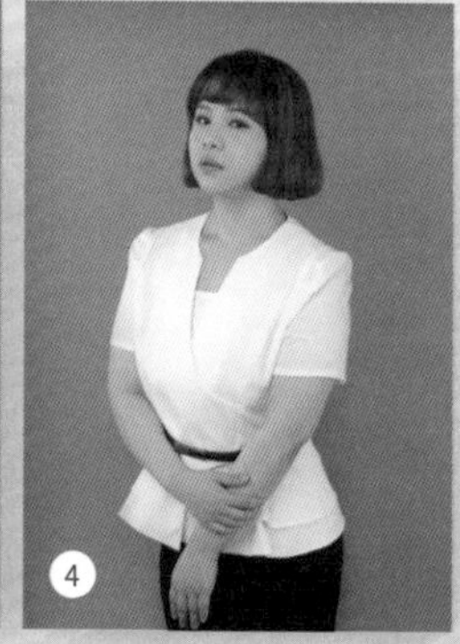

善，她希望每個來到蕾 輕奢 | 美學皮膚管理中心的客戶能從裏到外、從上到下地變漂亮，現今注重外貌大於內心素質的社會環境下，許多人們為追求好看賠掉自己的健康，她認為這樣顧此失彼的行為完全可以避免，王馨梅相信「美麗」、「健康」兩者可以兼容，也是蕾 輕奢 | 美學皮膚管理中心的經營核心。

每個人都有資格擁有自信人生！

"Better brand, better life"

蕾 輕奢 | 美學皮膚管理中心的企業口號——好的品牌會給你更好的生活——王馨梅相信創意的價值便是提升人們生活層次，而她選擇的便是以護理融入美業的方式幫助人們獲得更高級的生活體驗。從生物學的角度出發，人自古便是視覺性動物，被美麗的事物吸引、影響是理所當然的天性，在現今文化風氣下，追求更好的外貌已演變成一種本能反應，而幫助人們實現這份渴望便是蕾 輕奢 | 美學皮膚管理中心存在的目的。

「我希望顧客能透過蕾 輕奢 | 美學皮膚管理中心喜歡上自己！」

千璽世代幾乎人人都會化妝，或男或女已習慣在臉上塗塗抹抹呈現出更無暇的自己，其中有些人甚至變得不化妝便走不出自家門口；化妝品是獲得「美麗」的強力輔具，然而許多人在當中迷失了真正的自我，她們愛上化妝後的自己，卻忘了珍惜那片素顏下脆弱的靈魂，王馨梅想大聲告訴這些人：「即使不化妝，妳也可以每天被自己美醒！」她認為真正的美麗應該是來於對自我的肯定，她思索人們之所以化妝便是想要掩飾掉自己的缺點，如：暗沉、痘痘、泛紅⋯⋯任何他們不甚滿意的部分，王馨梅想要藉由改善客戶肌膚本身狀況，給予他們面對真實自我的勇氣，讓她們即使頂著一張大素臉也能自信爆棚，愛自己本來的模樣。

蕾 輕奢 | 美學皮膚管理中心預計於未來 3-5 年內擴張產品線，增設美甲、美髮等項目，王馨梅欲藉此提供客戶更多元的「變美服務」。

望及心之所向，成其心之所願

問及創業困難處，王馨梅分享了先前進口貨物經驗，計畫進口韓國產品至蕾 輕奢 | 美學皮膚管理中心的王馨梅對韓文可說是一竅不通，在無法溝通的窘境下，許多洽談紛紛未果，對此她感到氣餒卻不改積極態度，最終她順利找到一家能以英文作為平行語言的廠商，也成為蕾 輕奢 | 美學皮膚管理中心目前的主要配合對象。

除了配合廠商，裝潢、資源、推廣等大大小小的問題也是創業必經之坎，一個企業家從無到有的背後有著他人無法想像的心勞，若是沒有強大的信念，早就橫死半途。王馨梅最初為了孩子創業，現在的她為了客戶創業，一路走來，王馨梅沒有少走冤枉路，然而她始終目視前方，朝著自己夢想賣力前進，也是這份執拗打造出今日的蕾 輕奢 | 美學皮膚管理中心。

#B | 蕾 輕奢 | 美學皮膚管理中心企業有限公司

商業模式圖 BMC

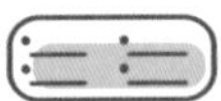

重要合作

- 韓國廠商

關鍵服務

- 肌膚管理
- 美體美容
- 美業授課
- 就業諮詢

核心資源

- 韓國肌膚管理課程
- 護理背景

價值主張

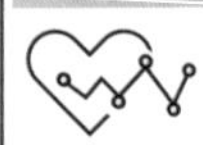

- 透過外在的改變，給予消費者自信，幫助他們獲取更好的生活感受。

顧客關係

- 幫助客戶重新審視
- 自我價值

渠道通路

- 實體據點
- 社群平台

客戶群體

- 追求美的族群
- 小資族群
- 學生族群
- 對外在缺乏自信族群

成本結構

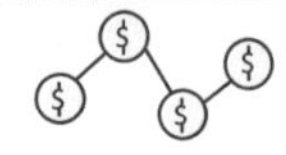

營運成本、教育培訓、材料進口、水電支出、人事開銷

收益來源

服務費用、課程費用、諮詢費用

#C 創業 TIP 筆記

- 找到可信賴、可長期配合廠商為一大助力。
- 為行業注入其他元素塑造品牌識別度。
-
-
-
-
-
-
-
-
-

#D 影音專訪 LIVE

#A 格園社會企業

農民也可以出頭天！新興種苗產業

格林公主社企 PRINCESS GREEN NURSERY SOCIAL ENTERPRISE PGNSE

林桐榮，格園社會企業執行長。原本任職於屏東科技大學的林桐榮於一次的農村探訪中發現農務產業困境，像是知識不足、技術落後等硬軟體各方缺陷，他決心創業以「種苗」出發來為台灣農務產業帶來一片新氣候。格園社會企業主要營運項目為健康種苗，內容包含種苗銷售、農業規劃輔導、特定種苗培育、農產品行銷輔導、文創商品開發等業務。

培育環境場域照

誰來解決農民的問題？

2015 年，這時的林桐榮是一名教師，林桐榮以該身分為榮，他認為教師如同一名引導者，以自己所學所見幫助學生於就學期間做好適應社會的準備，這般神聖的使命感使他投入相當教職生涯，原本以為會就這樣一帆風順的職涯，卻在一次意外的探訪下有了一百八十度的變化。

某日學校拋出探訪農村的企劃，林桐榮被歸入該研究小組，原本只是抱著出公差的心態，實地造訪後他的內心卻掀起滔天巨浪。現代各產業技術發展地皆十分蓬勃，然而台灣的農民卻好像完全與世隔絕般，林桐榮不乏看見許多頭髮半白老農民仍賣力地彎下腰耕作，或是手拿笨重的工具處理農務，在進一步的訪談中，林桐榮發現知識不足似乎是台灣農業的普遍現象，許多農人們對於世界現存擁有的科技不僅是不熟悉，很大部分的回答甚至是不曾聽聞，他對此感到訝然，深居學院的林桐榮雖然試想過技術落後的問題，但卻沒有料到農產業技術竟存在這麼大的斷層，這不禁讓林桐榮開始懷疑自己所教育學生的一切真的有實際為社會帶來進步或改變嗎？還是這一切只是他位於象牙塔中一廂情願的想法？

「不如親自試試看吧，這次換我當離開學校的那方。」

林桐榮心想再怎麼思考也不會有答案，他決定親上戰場，瞭解台灣農務業並找出能一洗舊有風氣的辦法。

尋找市場缺口，打擊客層痛點

同年，2015，林桐榮獲得行政院國發基金會天使創業計畫補助，正式從學術的象牙塔踏出，一頭栽進農業的世界，並與幾位來自農業的朋友以解決產業病灶為理念，正式成立格園社會企業有限公司。

在眾多農務產業中，林桐榮與他的團隊選擇以「種苗」切入，他們認為透過種苗這類源頭產品

1. 健康飽滿的草莓
2. 無病毒種苗
3. 香草莢
4. 香莢蘭花
5. 培育環境場域空拍照

才能徹底重新洗牌產業鏈，然而於業務初期格園便遭遇資源不足的問題；種苗業在台灣產業歷史悠久，身為新創企業的格園論平台、論資金沒有一項贏得過大廠，若要成功搶奪現有資源，則得另尋出口，必須找到唯有格園才能提供的產品服務；林桐榮與團隊絞盡腦汁，仔細觀察市場動向，他們發現種苗供應商於某些領域作物由於利潤不高，其業務相較下少了許多，林桐榮心想：「就是這個！」格園緊抓市場缺口，積極研發冷門種苗，此策一出，許多小眾客層轉移至格園旗下，憑藉敏銳的直覺，格園在市場成功擁有一方天地。

農民值得更好的生活

台灣於日據時期藉著農業迅速崛起，農產亦是社會的根基，然而隨著科技日新月異，公眾焦點漸漸轉移，大家開始習慣往上看：更高的房子、更進步的技術，卻忘了蹲低身子審視這些看似理所當然的日常究竟從何而來，農業便是被遺忘的主角之一；刻板印象中，農民形象總是面對黃土背對天，似乎沒有人真正在乎我們吃的每一粒米、每一份蔬果背後蘊含多少農人們的心血，林桐榮對此感到遺憾，他希望能夠透過實踐格園的企業理念改變農民定位，讓大眾正視基層產業的不可或缺性。

林桐榮分享一段過往：在某個夏日，他遇見一位在超商打工的長者，出於好奇，林桐榮開口問對方怎麼會選擇在超商打工，長者表示自己是紅豆農，紅豆冬天才收穫，在等待的季節為賺取生活費只能這麼做，簡短的對話卻揭露農民普遍生活不濟的事實，一聽及此林桐榮內心不禁揪成塊，他更堅定了自己的想法——透過知識、技術的改革打造農民專屬利基市場，創造能讓農民安心生活的就業環境——。

格園企業堅持在地生產、在地消費，因唯有透過落實在地化才能確切幫助生活在這片土地上的人民；縱使台灣與世界大經濟體的農業技術斷層仍有很大的空間努力，林桐榮相信只要成功區隔受眾，台灣也能打造出獨有的產業環境並日漸壯大規模。

新興創業理念，打破傳統桎梏

「如果有人也想走種苗創業，我是建議直接加入我的團隊。」

林桐榮認為經驗是沒有辦法分享的，所謂的經歷唯有親身體驗，並沒有辦法透過言語、肢體轉交給對方，更何況每個人對事物的感受不盡相同，對自身來說有效的體悟可能在他人身上並不受用；與其各自跌跌撞撞，不如攜伴前行，創業家們身上有寶貴的失敗經歷，而身邊的夥伴可能擁有技術、創意、觀察力……各式各樣的技能，只有一把短匕的烈士要怎麼跟擁有武器庫的軍團比擬呢？現今世代下策略聯盟、異業合作才是長久生存之道，創業不再與孤獨掛勾，創業可以一群人一起走。

#B 格園社會企業
商業模式圖 BMC

重要合作

- 在地小農

關鍵服務

- 種苗生產

核心資源

- 專業知識
- 研發技術

價值主張

- 以種苗為媒介，活絡台灣農產業，同時導正消費者產業觀念。

顧客關係

- 亦師亦友
- 聆聽小眾心聲

渠道通路

- 實體據點
- 社群平台

客戶群體

- 務農者
- 欲種植作物者

成本結構

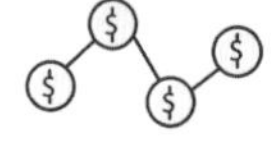

營運成本、人事開銷、研發費用、水電支出

收益來源

產品販售

#C 創業 TIP 筆記

- 洞悉市場動向，研發出滿足需求的產品。
- 小眾累積起來也是趨勢，選定受眾。
-
-
-
-
-
-
-
-
-

#D 影音專訪 LIVE

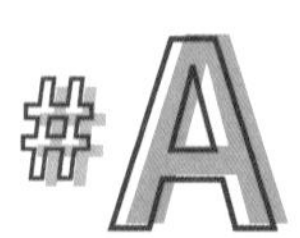

沃智國際股份有限公司

歡迎光臨智慧應用與產業重整的創新時代！

沃智國際股份有限公司
WOYA Intelligent International Corp.

方鴻文，「沃智國際股份有限公司」的協理，在半導體及光電產業打滾已將近 20 年，他毅然決然跨出舒適圈，希望利用自身的經驗將無人化、自動化、高科技技術導入，將產業延伸到傳統產業、醫療、農業做相關資訊服務，提升台灣產業的競爭力。

1. 沃智公司開幕照片
2. 2019.12.26 凱喬觀摩活動照片
3. 20200917 PCB 成果發表會演講
4. 2020TPCA SHOW- 演講照片

技術導入各產業，解決產業痛點

沃智國際為氣體監測設備－系統整合服務商「沃亞科技股份有限公司」的新事業群體，在 2018 年承蒙經濟部工業局欽點合作大型產業升級科專計畫，執行中，發現許多其他產業面臨到的痛點，尤其在疫情衝擊下，許多產業員工無法出工上班，工廠因此運轉不順，方協理在原先的產業打滾多年不禁擔心未來的出路，加上沃亞科技總經理「郭一男先生」鼓勵創業、支持方協理轉換跑道，兩人便合資，與工業局及資訊工業策進會合作創立「沃智國際股份有限公司」。

沃智國際擁有智慧、研發、整合、創新的能力。服務內容多樣，包含 AI 智能技術、系統整合、建廠服務、資訊平台建構等，同時也將觸角延伸到其他產業上如；在農業技術發展上，沃智國際與負責供給全台大型賣場、超商的屏東蕉農合作，早期蕉農收成香蕉後會先放置於冷凍倉儲，出貨前才會把倉儲的乙烯發生器開啟，將香蕉催熟，但過往不知道冷凍庫裡機器運行的狀態，香蕉可能因為尚未成熟或過熟而報廢，於是沃智國際與經濟部中小企業 - 中國生產力中心合作，開發乙烯產生器無線聯網解決方案，建構可視化平台以提供蕉農遠端觀察，將歷史數據設定成管制曲線，到達催熟標準時香蕉便可取出。此項開發也獲得經濟部青睞，而沃智國際更是資通領域中唯一過案的廠商。

沃智國際也將技術導入傳統產業，提供智慧製造應用，由上到下打造一條龍資訊整合服務，從 ERP、MES 到 OT 端地承接，打破以往各個製程階段無法整合的痛點，讓企業資訊與生產訂單清晰連貫，並分析投資報酬率，讓客戶了解與人力相比之下成本回收的速度，來刺激企業主對產品的信心及購買意願。

近期受疫情影響，企業主也願意投資相對的金額做生產提升；方協理認為，智慧設備需要 24 小時監控，也需要有專業人員做運作維護，因此導入智慧設備進入產業並不是要頂替原有的人力，而是要刺激員工提高自身的 CP 值，省下時間為公司做更有經濟價值的事，同時也讓企業主看見

1. 20200917 PCB 成果發表會 - 展示區位總經理說明
2. 2020TPCA SHOW PCBECI 示範團隊合照
3. PCB 計畫啟動儀式活動 - 前置準備
4. 電機工會演講照片
5. 電路板公益基金會 - 科技 In Life 講師 - 私立弘明實驗高中
6. 2019 CTEX 蘇州展覽 -PCB007 雜誌採訪合照

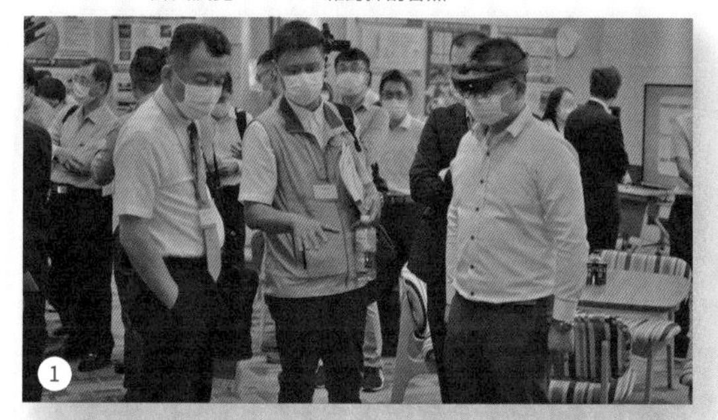

投入技術的價值、員工的提升，做到全方位公司的成長。

跳脫舒適圈，從主管級轉變成創業者

系統整合服務，主要從最基層工程師的痛點開始解決，再逐步的向上呈報，大多數基層工程師原先只需要解決網際網路與資通設備的問題，但要學智能設備操作就需從頭學起，但沃智國際的強項即是將艱深的技術轉換成簡單的操作，點對點設定方式也大幅縮短時間成本。因為提案對象從原來的營運高層主管變成基層工程師，思考模式與做事方式與過往完全相反，科技背景文化的員工做事方法大相逕庭，也讓方協理很難適應，沃智尚是默默無名的新創公司，業務得挨家挨戶地拜訪做陌生開發，過程艱辛，但方協理深知跑業務沒有技巧唯有「勤」才是根本；從以往的研發主管轉成創業者，每件事都親力親為，跨出舒適圈才是進步的動力。

掌握時勢脈動，永續產業傳承

「研發總是需要等待」，每項研發都是在跟時間和金錢的賽跑，要精打細算、錙銖必較，每個環節都要有相對的報酬，科技雖充斥著生活但它無形，客戶無法立即看到成品難免會半信半疑，要抓住客戶的心就要先瞭解客戶的習慣，並且勤跑業務讓客戶熟悉公司，才能將客戶想做的產品完成進而拿到訂單；「做人第一、做事第二」是方協理秉持的信念，要懂得時時刻刻飲水思源，感謝所有曾經扶持過自己的人，「受人滴水之恩、必當湧泉相報」，相信不論是誰都能感受你的心意。

「誠信、正義、勤奮、熱情」是沃智國際的理念，研發團隊雖然年輕但產業經驗十足，都是在前企業沃亞科技擁有至少十年年資的專業優秀人才，他們毅然決然離開舒適圈，循著新創這條路希望能為產業貢獻。 沃智國際一直跟隨著時事脈動成長，提供即時服務帶到客戶端，因應當下社會需要的技術帶進市場；如近期社會幾起工廠大火的新聞事件，沃智國際也著手開發火災監測、預警、及應用的產品，並多方面取得各個公會支持及業者關注，以及政府輔導補助，使產品能夠快速導入市場，幫助企業做好基本防災措施，避免危及個人及企業安全、克服財產損失；未來，沃智國際也響應政策將大力推廣 AI、5G、高度自動化，期許未來興建全 5G 工廠，並打造成產、官、學、服務工廠，讓產官學各方皆可參觀，讓未來所有的研發想法都可帶進工廠做試驗、自由發揮，打造產業龍頭、做永續產業傳承模範。

#B 沃智國際股份有限公司

商業模式圖 BMC 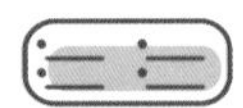

重要合作

- 台積電
- 中華精測
- 柏承科技
- 喬旋精密

關鍵服務

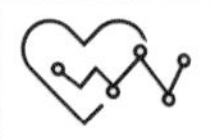

- 智慧型乙烯氣體發生器
- 各式氣體及排氣監測系統
- 客製化系統整合服務
- AR 輔助系統導入
- 大數據收集整合
- 自動化系統整合

核心資源

- 前企業累積的舊客戶
- AI 智能技術
- 系統整合技術

價值主張

- 有效的利用大數據整合分析，打造無人化、高度自動化，結合生產資料與人工智慧，達到企業營運最佳化。

顧客關係

- 共同創造

渠道通路

- 官方網站
- 企業開發

客戶群體

- 半導體產業
- 電子產業
- PCB 產業
- 傳統產業
- 醫療、農業

成本結構

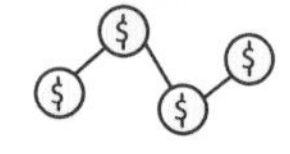

技術開發、器材設備、人力成本

收益來源

合作研發技術產品收益

#C 創業 TIP 筆記

- 做人第一、做事第二，懂得做人比懂得做事重要，必須懂飲水思源、心懷感恩，才會有人願意繼續幫助你，「受人滴水之恩、必當湧泉相報」，不論是誰都會感受到你的心意。
- 雖然創業辛苦且會有許多不適應，但跨出舒適圈才是進步的動力。
-
-
-
-
-
-
-
-

#D 影音專訪 LIVE

心視界影像紀錄

紀錄愛情最美的模樣，最暖心的攝影工作室

何佳錂，心視界影像紀錄的攝影師，主要拍攝婚禮紀錄，重視拍攝當下、善於傳遞照片溫度的她，希望幫客戶拍出有溫度和故事的照片，讓照片不只是擺設，而是貼近生活留下感動回憶，用充滿渲染力的照片讓客人相信自己也可以很美。

1. 老夫妻結婚六十年金婚紀念：最美的愛情並非轟轟烈烈，而是多年以後仍彷如初見
2. 婚禮紀錄作品（新人進場時）　3. 婚紗拍攝作品　4. 寵物寫真作品

初生之犢，創立個人工作室

外號米漿的何佳錂從 17 歲就開始接觸攝影，起初雖然只是因為幫忙同學錄製表演的影片才入手了第一台單眼相機，但為了好好發揮相機，便利用課餘時間上圖書館研究攝影相關書籍，也在網路社團上看其他攝影前輩的作品集，慢慢地練習拍照，愈拍愈有興趣之後，便開始約拍互惠模特兒來累積作品和經驗，也開始當攝影助理跟在前輩身邊學習，攝影技巧漸漸地愈來愈上手之後，因為在攝影界裡女生的身分相對來的吃香，相較於男性攝影師有其他的拍攝視角，在婚禮時也比較方便在新娘房拍攝，因而開始有前輩把案子轉接給米漿，朋友也邀約她幫忙拍攝婚禮紀錄，米漿就自然而然地成立了個人工作室－「心視界影像紀錄」。

先感動自己，才能感動別人

由於婚紗公司會提出包套方案，結合婚紗承租、攝影及造型，所以大部分的新人結婚時還是會選擇在婚紗公司拍婚紗照，婚禮紀錄的部分則比較多人會往個人工作室這一塊作參考，目前心視界的主要服務項目還是以拍攝婚禮記錄為主，另外有許多拍攝個人寫真和孕婦寫真的客戶，在拍攝時面對女攝影師時相對比較放得開、不尷尬，所以選擇米漿；有別於傳統的婚紗照大多在宴客完就在一旁當擺設，厚重的相本也鮮少被翻閱，心視界走的是精簡、生活化的路線，米漿希望她的作品可以很貼近生活，加上很多客戶希望可以快速拿到成品，將照片放在手機或電腦收藏也可以隨時隨地拿出來翻閱、回味，因此提供了小巧的寫真相本及跟著時代進步提供電子檔案讓感動永留藏。

「好的畫面要先能感動自己，才能感動別人」是米漿最喜歡的一句話，也是她一直秉持的信念，她不喜歡制式化、中規中矩的拍攝方式，比起美感，她更重視被攝者拍攝時當下的感受，以及照片所能傳遞的溫度，感性的她常常在拍攝婚禮時，尤其是新娘拜別父母親的畫面時，在鏡頭的後面也默默跟著紅了眼眶、流下眼淚，新人跟賓

1. 何佳錂（米漿）工作照　2. 何佳錂（米漿）個人照
3. 婚禮紀錄合照：熱情有活力，和顧客像朋友一樣相處
4. 拍攝學士服：時間不停留，攝影是米漿保留溫度保留情感的方式
5. 閨密寫真作品：紀錄陪伴彼此走過青春、一起成長的好姊妹
6. 婚禮紀錄作品（拜別父母時）：希望能用畫面感動更多人
7. 個人寫真作品：巾幗不讓鬚眉，不輸男生的潛水教練

客看到照片也都很感動，由此可知，米漿的照片充滿了滿滿的溫度和渲染力；除此之外，熱情的米漿也很喜歡跟新人互動，在拍攝過程中她會準備道具讓客人可以卸下心防、自由發揮，也會準備拍攝口號炒熱現場氣氛。

天生叛逆，不畏外界眼光

雖然年紀輕輕就自己創業，但其實剛開始家人並不支持米漿的工作，覺得她長的可可愛愛、個頭小小的，如果真的喜歡這個行業可以選擇當平面模特兒，不見得要自己買相機當攝影師，又要揹著很多器材到處奔波，常常回家都弄得一身髒、直接累倒在沙發上，而且因為年紀太輕，有時候也會受到質疑、不理解，甚至在轉做攝影師時，碰到合作過的模特兒仍然只想要互惠、不滿意米漿開始收費等等的挫折；一開始米漿很在意別人的眼光，還試圖模仿其他攝影師的穿衣風格和拍攝方法，想讓自己看起來更成熟、更符合社會大眾對攝影師的期待；近期米漿也開始嘗試自己當模特兒，去體會被攝者的角度、理解新人的想法，藉此學其他攝影師引導新人的方法，也許是天性叛逆不服輸，愈是不被看好就愈要做好，米漿也把那些不看好的眼光轉化為成就感。

多方嘗試，莫忘初衷

從事攝影師到現在，米漿坦言也會有感到職業倦怠的時期，所以除了婚禮紀錄之外，喜歡挑戰的米漿平常也會拍一些創作型的作品，像是前陣子很流行電影「小丑」，米漿也拍了許多小丑主題的作品；還有市場上很少見到有人會哭著拍攝，但米漿覺得哭也是一種情緒，跟笑一樣可以美美的被記錄下來，所以拍了一系列哭的主題作品；她還發想了一個拍攝計畫：收集身邊的情侶照，從小琉球的潛水教練情侶檔，到 60 年鑽石婚的爺爺奶奶紀念照，各種模樣的情侶檔都有，在拍攝的過程中也會去聽每對情侶的愛情故事；米漿認為拍照不只講求構圖完美，有溫度、質感跟故事性的作品是她更想呈現的個人風格，也希望透過照片讓客人相信自己也可以很美。

喜歡旅行的米漿其實還有旅行社領隊的另一份工作，所以她也希望未來可以將這兩份工作結合，當旅行團隨團攝影，或是發展海外婚紗或婚禮，不只拍照還可以記錄籌備海外婚禮的花絮，「想讓世界看見我看世界的角度」是米漿最大的目標；而開始攝影到現在已經第 7 個年頭，「莫忘初衷」是她給自己的期許，也是她最想傳遞給創業家的理念，在婚紗攝影的產業可能會因為長期在相同的地點、類似的角度拍照而感到倦怠，拍到後來可能也不知道自己在拍什麼，這樣拍出來的照片雖然還是很有美感，但無法為新人帶來感動、為照片帶來溫度，不要因為拍得久而迷失自己，要記得當初是因為熱愛拍照才踏上攝影師這條路。

#B 心視界影像紀錄
商業模式圖 BMC

重要合作

- 前輩或朋友介紹客戶

關鍵服務

- 拍攝婚紗照
- 婚禮紀錄
- 個人寫真
- 孕婦寫真
- 寶寶寫真
- 旅遊活動紀錄

核心資源

- 拍攝技術

價值主張

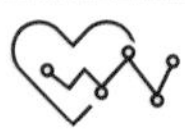

- 幫客戶拍出有溫度和故事的照片，讓照片不只是擺設，可以更貼近生活。

顧客關係

- 客人主動消費

渠道通路

- Facebook
- Instagram

客戶群體

- 要結婚的新人
- 想拍寫真的人

成本結構

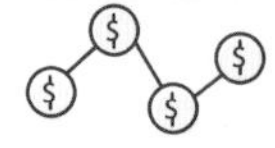

拍攝器材、人力成本、交通成本

收益來源

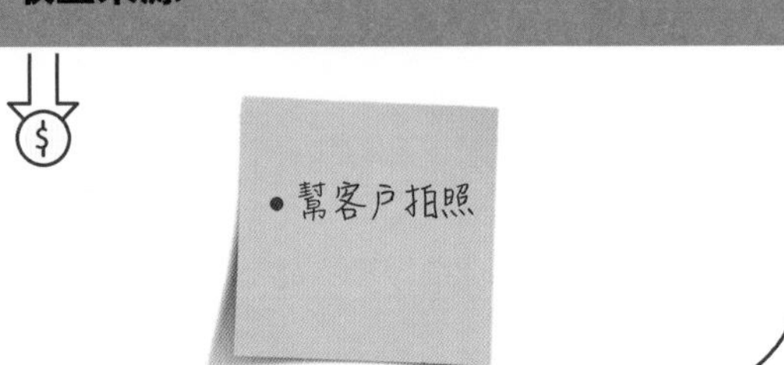

#C 創業筆記 TIP

- 可能會因為長期做類似的事情而感到職業倦怠，但不要迷失自己，莫忘初衷，不要忘記當初是因為那份熱愛的心才走上這條路的。
- 照片拍得美固然重要，但有溫度跟故事的照片才能真正感動到人。
-
-
-
-
-
-
-
-

#D 影音專訪 LIVE

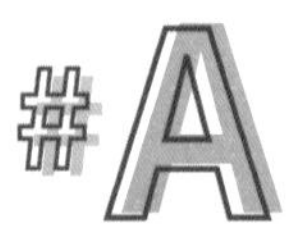

好民文化行動協會

建立共好的社會，我們就是好國好民！

好民文化行動 | Cosmopolitan Culture Action Taichung

林芳如，好民文化行動協會的執行長，亦是發起人之一，強調在地文化，渴望將民主運動過程中的故事說給大眾聽，推展在地的文化思想與教育，讓下一個世代了解這些歷史文化存在的意義及價值，進而懂得珍惜現有的自由。

1. 2019 年募款餐會後，好民文化的志工與工作團隊與創辦人楊宗澧合影
2.自由路上音樂節，與金曲歌王謝銘祐合照
3. 2020 年 4 月好民文化發起記者會要求台中市政府重啟台中州廳修復後的用途討論
4.2020 十月份，邀請市民朋友關注台中州廳的議題，並舉辦詩畫台中論州廳－邀請詩人瓦歷斯諾幹與速寫畫家黃至民老師

有感於革命運動，投入民主教育

林芳如大學時期雙主修外文系及社會學系，因此對於社會學有了基礎的接觸， 她加入各式社會運動團體，並在因緣際會下飛往布拉格的人權組織，參與台灣與捷克政府合作的實習計畫，從中認識來自緬甸的地下記者，曾在緬甸苦陷於袈裟革命之際，冒著生命危險拍下軍政府對平民或僧侶射殺的畫面，卻要偷渡到泰國才能透過網路將照片傳給 CNN 及 BBC，讓全世界知道，聽聞此事的林芳如思考著，原來不民主的國家要讓國際知道國內的消息，需要花費如此大的力氣，她想讓大家知道緬甸有這樣一群人正在追求民主，而台灣是如此民主自由的國家，我們更應該聲援別國追求民主的運動，於是林芳如開始投入人權運動及民主教育，走上聲援民主運動的道路。

受殉道者啟蒙，創立公共議題探討平台

民主運動殉道者鄭南榕先生曾說：「我們是小國小民，但我們也是好國好民」林芳如與創辦人楊宗澧先生因此受到啟蒙，台灣雖然小但有很多美好之處，兩人思考著如何讓大眾知道台灣的好，他們認為需要一個平台去討論公共議題，於是集結一群好友成立好民文化行動協會，從台中發跡，探討著關乎主權議題、死刑存廢、性別平權、文化保存等的現今社會議題，政治不僅是選舉與投票，也跟日常生活息息相關，他們希望這些議題可以被發酵、被討論。

好民文化的成員分為兩種：其一是經由內部成員推薦才能擔任的營運會員；其二是贊助會員，即是幫助平台永續經營的定期定額捐款人，林芳如說道，好民文化就如同園丁將贊助會員埋下的種子澆水灌溉，再讓種子隨風帶至學校或長輩社群裡頭開花結果；「推廣轉型正義、提升公民意識、聲援人權議題」是好民文化的三大目標，每年的活動及年度規劃都圍繞著這三大主題，希望能藉此呼籲大眾「反思看自己、為自己參與社會行動、了解別國的社會現況並為他們發聲」。

每年 2 月 28 日到 4 月 7 日之間舉辦的「自由路上藝術節」是好民文化最經典的活動，2 月 28 日是眾所皆知的二二八和平紀念日，而 4 月 7 日則是言論自由日，也是前人鄭南榕為了言論自由

1. 2020 年 7 月好民文化舉辦「北農風雲：滿城盡是政治秀」新書分享會，讀者與作者吳晟合影
2. 好國好民講座邀請政治人物與市民對話政策理念，邀請莊競程委員談醫療改革
3. 好民文化致力於深化公民文化，並自詡為思想搖籃，定期與不定期舉辦講座或議題活動
4. 每年的言論自由日舉辦自由路上音樂節，紀念為台灣言論自由付出的前輩。好民文化志工與工作團隊大合影
5. 2019 年國際兒童人權日，好民文化與台中公民團體共同聲援香港兒童為追求民主發聲的權利，並要求香港政府重視兒童人權
6. 2020 自由路上藝術節「兒童人權繪本工作坊」邀請兒童繪本專家林真美老師為我們上課，活動後大合照

照片（攝影：廖家瑞）

自焚殉道的日子，在這段四十多年的期間裡，許多前人為了現在民主自由付出很多代價，好民文化以音樂紀念和感謝為台灣爭取民主自由的前人，藉由行動藝術、戲劇、藝術展覽等活動連結政治受難者的生命故事，並透過人權繪本、專題講座、電影放映再現台灣這個島嶼從以前到現代的進程。除此之外，好民文化也會舉辦講座及課程，像是禁歌講座，例如：何日君再來、四季紅、燒肉粽、酒矸倘賣無等的經典老歌都曾被禁止傳唱，甚至有人因為唱歌而入獄或被判死，透過講座讓大眾明白這些看似荒誕又殘忍的故事都是真實存在過的，我們現在所擁有的自由是得來不易且難能可貴的。

不同行銷方式雙管齊下，打中預料之外的受眾群

好民文化屬於非政府組織，是個希望大家針對公共議題對話的平台，不像一般商業公司有行銷經費，如何讓議題觸及大家的心是一大挑戰，好民文化主要透過免費的社群網路做廣告行銷，但若社群網站的演算法機制改變時就很難傳到受眾群，有時也會因為議題太過嚴肅或政治而不被大眾探討；為了讓好民文化更廣為人知，林芳如也透過募資平台或投稿公車廣告提高曝光度，或是上電台與聽眾分享近期活動。

最讓林芳如感動的是，曾經有爺爺奶奶表示他們很少踏出家門參加公共議題講座，但卻參與好民文化舉辦的撐香港講座或台中州廳未來運用的座談，像這樣獲得預期以外的受眾群支持，讓林芳如備感溫馨，也有許多學生願意在課堂以外的時間投入志工活動，除了主動了解台灣民主運動的歷史之外，他們也樂於與同儕分享、推廣，生力軍的加入及種種的反饋都讓林芳如覺得自己身負重責大任，背負著傳承歷史價值的使命感。

為了下個世代，說出屬於台灣的在地故事

好民文化強調在地故事，未來依然會繼續深耕台中，期盼從台中開始，大家可以知道自己城市的故事怎麼走、文化怎麼說，也希望大眾可以踴躍參與活動志工，集資廣義用不同的觀點投入社會運動。

「很多創業家一定都有很想半途而廢的時候」林芳如說道，投入類政治運動的女性並不多，她坦言都是為了孩子跟下一代才能堅持到現在，台灣的歷史不僅僅是課本中所學到的，還有很多事蹟沒有被大家所熟悉，「我們要去處理這些被遺忘的歷史，因為這些歷史記憶是藥材，而現在享有的自由是水，要讓台灣人將藥跟水一起喝下去，才會走向健康的路」引用前輩的話，林芳如認為上個世代背負痛苦，而我們這個世代享受自由，這個世代如何行動將會影響下個世代的樣子，要讓下一代了解自己國家的過往跟民主的可貴，才能往下一步邁進，讓台灣變成真正的台灣。

#B 好民文化行動協會
商業模式圖 BMC

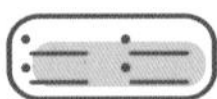

重要合作

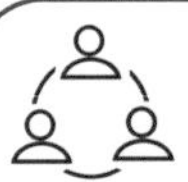

- 台中市新文化協會
- 光合教育基金會
- 哲學星期五 @ 台中

關鍵服務

- 自由路上藝術節
- 好國好民講座
- 撐香港遊行活動
- 台中州廳怎麼了？市民開講審議座談

核心資源

- 講師
- 教授
- 志工

價值主張

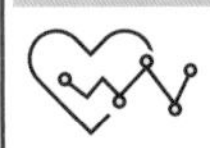

- 跟隨台灣民主先行者的足跡，從中部出發，發起「好民文化行動」，立志從社區扎根，在各領域裝備自己。

顧客關係

渠道通路

- 新聞媒體
- 實體空間、官方網站
- Facebook、YouTube
- 課程講座、活動
- 電子報、好民報

客戶群體

- 熱愛社會運動的人
- 對台灣歷史有興趣的人
- 關注台灣主權議題的人
- 關注台中城市政策與發展變化的人
- 喜歡探討公共議題的人

成本結構

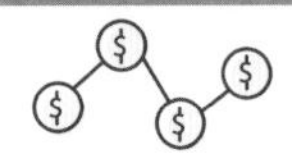

人事成本、行銷成本

收益來源

會員定期定額捐款所得、講座及活動捐款費用、場地租借費用、產品售出收益

#C 創業筆記 TIP

- 即使行銷經費不夠，仍可以運用多種行銷方式或是免費平台接觸大眾，可能會吸引到意想不到的受眾群。
- 很多創業家都會有想放棄的時候，只要想起當初的初衷、為了什麼目標而努力就能堅持走下去。
-
-
-
-
-
-
-
-

#D 影音專訪 LIVE

UNIKORN
UNIKORN
UNIKORN
UNIKORN

Startup Island
TAIWAN

我獨
創角
業，
UNIKORN
UNIKORN
UNIKORN
UNIKORN

Startup Island
TAIWAN
我獨
創角
業，
UNIKORN
UNIKORN
UNIKORN
UNIKORN

Startup Island
TAIWAN
我獨
創角
業，

Startup Island

TAIWAN
我獨

UNIKORN
UNIKORN

UNIKORN
UNIKORN
UNIKORN

Uber Eats | BMC（範例）

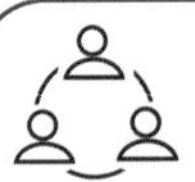

重要合作

- 付款處理方
- 地圖應用程式供應商

關鍵服務

- 平台開發
- 供需市場

核心資源

- 品牌價值
- 平台技術
- 客戶群
- 餐廳及外送員網路

價值主張

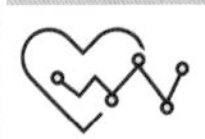

- 只要點擊幾個步驟即可外送附近喜愛的餐廳之餐點。
- 在基本資料中填上電話資訊，系統可提供免發票的交貨服務。
- 外送員可以彈性的選擇小費及收入支付方式。

顧客關係

- 自助服務
- 審查、評分及反饋系統
- 顧客支持

渠道通路

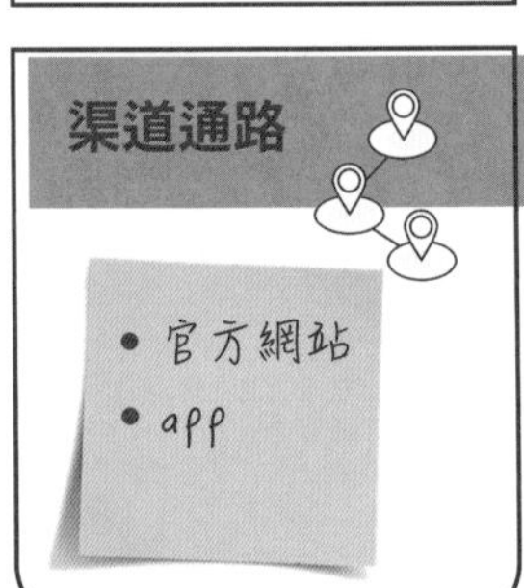

- 官方網站
- app

客戶群體

- 忙碌無法下廚、或不擅於廚藝的人
- 沒有提供線上點餐平台或沒有足夠外送人力的餐廳
- 擁有自己的交通工具且想要增加額外收入的人

成本結構

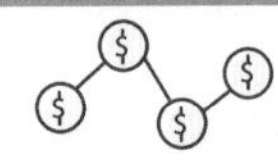

平台開發、行銷成本、人事成本

收益來源

委託方所支付的外送費用、動態定價

我創業，我獨角（練習）

設計用於 ______ 設計人 ______ 日期 ______ 版本 ______

重要合作

關鍵服務

核心資源

價值主張

顧客關係

渠道通路

客戶群體

成本結構

收益來源

Chapter 3

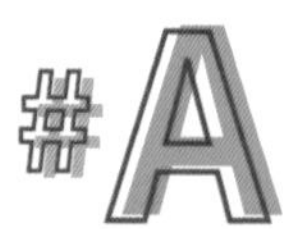

立家海外置業

有立家，到處都是你的家！

梁育絣，立家海外置業 CEO。一身正氣的梁育絣談吐得宜，領袖氣質由內而外自然散發，俐落的髮型、尺度恰好的肢體動作皆表露出梁育絣一絲不苟的個性。立家海外置業，其命名與梁育絣個人魅力雷同：簡單、一目瞭然；立家海外置業為第三方財務管理公司，主要服務項目為財務規劃，意旨以專業海外投資規劃為客戶獲得最大的穩定投報利潤。

1. 2019 台北展
2. 日本開發商
3. 邱創良立委合影
4. 醫師 VIP 說明會

想要做的事 v.s. 能做到的事

創業前的梁育絣前身是銀行的理財專員，所謂的理財專員是依照客戶之不同人生階段的理財需求，提供各種金融服務，以達「保存」、「創造」財富等目的的一介職業。理財專員是一個相當高壓的工作，主要壓力可分為三部分：業績目標、上司壓力以及來自顧客投資損益的壓力。即使每天壓力排山倒海而來，梁育絣認為這是一個能夠確切幫助到人們的渠道，因此他對此可說是樂此不疲；然而，隨著時間累積與專業提升，梁育絣發現自己的努力並沒有朝著理想的方向前進。台灣的金融環境並非全然自由，政府機構與相關機關大幅插手公眾財務規劃，這與當初梁育絣所想像的理專功能有所出入，在一次海外考察中，梁育絣第一次接觸到第三方財務管理公司，他發現以第三方機構的身分可以做的事情超乎想像的多，舉凡移民、留學、海外置產都在其囊括範圍內，這般全方面服務模式立刻打動梁育絣日漸疲乏的心，他興起自立門戶的念頭，梁育絣心想與其一直在理想與現實間拉鋸，不如直搗黃龍，親自披掛上陣。2018 年底，梁育絣創立立家海外置業，以不動產為主要服務核心，以第三方角度為有財務規劃相關需求的人們效勞。

品牌鑑別度低，乏人問津的草創期

雖然有一身豪情壯志，新創企業共同面臨的難題——客戶開發——仍是梁育絣創業初期的一大瓶頸，練就一身金融專業的梁育絣對於英雄無用武之地的窘境有無奈、也有感慨。回想起過往在銀行的日子，自己只要待在辦公室，客戶便自然爭相前來，對比創業開發客戶的艱辛，梁育絣的確有好些不適應，他坦承，也不是沒有興起放棄的念頭過，但夢想哪是能輕易放棄的？他心想自己有勇氣離開優渥的金融界，這種程度的困境又怎

1. 台北海外不動產展
2. 客戶贈送書法
3. 賽普勒斯開發商

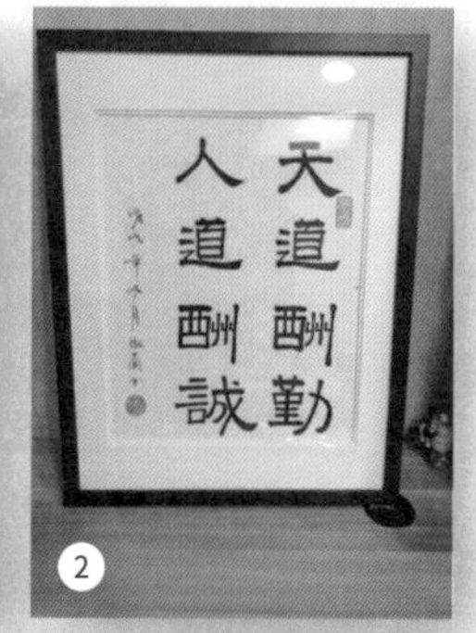

麼會難得倒自己呢？梁育綝調整心態並重振旗鼓，從以往理專身分累積的人脈出發，提供物超所值的專業服務，藉著客戶間的口耳相傳，立家成功打通客脈。

守護品牌價值，堅持給顧客最好的

立家海外置業涵蓋的服務範圍多元，除了熱門的美加、日本地區，同時設有希臘、賽普勒斯、葡萄牙、芬蘭、杜拜等市場，相對非主流的市場服務成功將立家與其他類似企業體區隔開來，梁育綝表示冷門與熱門市場各有優缺，之所以會選擇這些海外市場主要是為了拆除以往海外置產的舊有壁壘，讓客戶們能夠自由的在全球各地選擇置產的地點，這同時也是立家海外置業的核心價值——「來立家做全球的房東」——。

此外，梁育綝之所以能夠成功創業，還有一項十分關鍵的要素：重視「誠信」，他表示自己對於顧客有不可割捨的負責精神，客戶於梁育綝來說除了是衣食父母，更是並肩作戰的好夥伴，每個客戶之所以選擇立家，都是基於對梁育綝的信任，他們將自己大半輩子賺來的錢交託給立業，正是因為消費者相信立家能夠做出對他們最有利的選擇，梁育綝不願、也不能辜負這份珍貴的信賴。

然而不為人知的是，這份堅持後面其實是數不盡的代價與成本，由於立家有提供免費考察的服務項目，目的是為了讓顧客能夠實地勘查房產狀況，除了機票費用，客戶可以全免前往海外，在這般吸引人的機制下，自然引來不少想貪小便宜一覽國外風情的客戶，一開始梁育綝不免失望，他之所以提供這樣的服務便是基於相信客戶真的願意買單產品的前提，但他很快地便轉換心境，改想顧客若能於這趟旅程中吸收新知、產生新的思維也不妨為一件美事，也許這份經歷也能成為未來合作的關鍵契機，與其浪費時間挫折、沮喪，梁育綝選擇抬起胸膛、目視前方。

跳脫舒適圈的人生

從選擇創業的那一刻起，梁育綝的人生便產生一百八十度的變化。從白領階級到白手起家，他一路摸黑、碰壁，才慢慢在雜草叢生的創業路上踏出自己的路，縱使風雨不斷、困難接踵而至，他的熱情從未消退，無論是對事業、或是夢想本身；梁育綝表示若是有人想要創業，必定要擁有兩項特質：堅持與熱情。乍聽之下似乎陳腔濫調，然而在梁育綝的故事中我們能發現這的確是他最真摯的建議，亦是他奉行的行事準則。未來，梁育綝仍會堅守自己的理念，持續帶動立家海外置業前進，有朝一日成為揚名立萬的國際事業體。

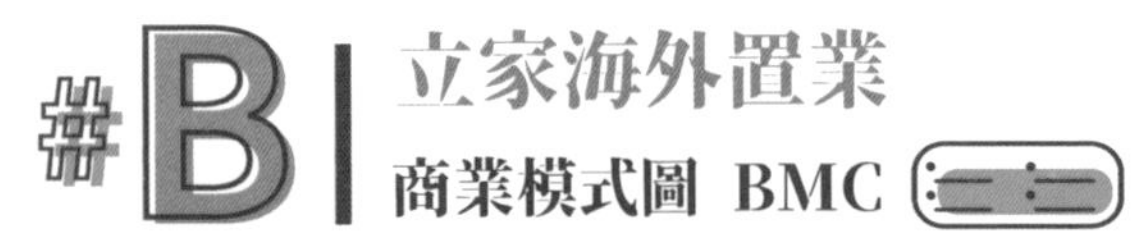

#B 立家海外置業
商業模式圖 BMC

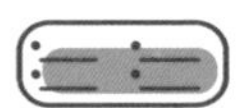

重要合作

- 國外房產公司

關鍵服務

- 不動產買賣
- 移民辦理
- 留學諮詢
- 稅務規劃

核心資源

- 金融背景
- 顧問團隊

價值主張

- 以專業海外投資規劃為客戶獲得最大利潤，堅持「誠信踏實」帶給客戶滿意的服務品質。

顧客關係

- 互信互惠
- 客戶主動上門

渠道通路

- 實體據點
- 社群平台

客戶群體

- 中產階級
- 小康家庭
- 置產需求者
- 投資客

成本結構

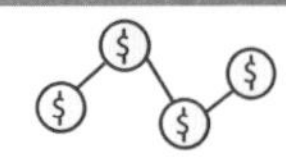

培訓費用、人事開銷、營運支出、勘查成本

收益來源

服務諮詢費、佣金

#C 創業筆記 TIP

- 利用已有資源打開自有市場。
- 累積專業，成為產業首選。
-
-
-
-
-
-
-
-
-

#D 影音專訪 LIVE

鑫苹珠寶工作室

精雕細琢，為您打造專屬的瑰麗璀璨

羅之苹，鑫苹珠寶工作室的創辦人，從學徒一路走到獨當一面的珠寶工作室的創辦人，用她的巧手為無數客人打造專屬的飾品，信用與品質是她秉持的理念，渴望將獨特少見的珠寶蠟雕技術傳承下去，並讓大眾更熟悉客製化珠寶設計。

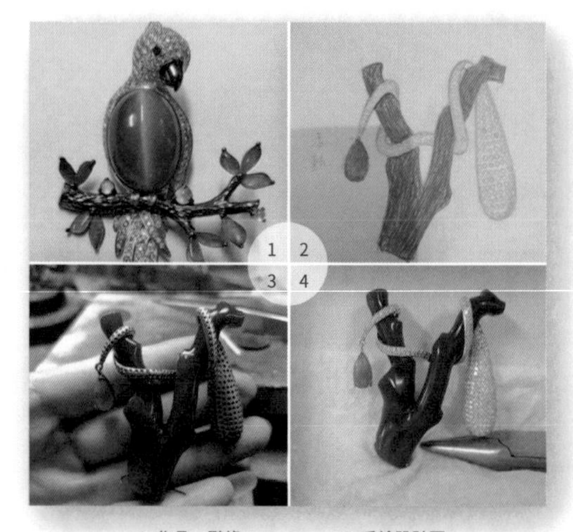

1. 作品：鸚緣　2. 手繪設計圖
3. 設計半成品　4. 設計成品

離鄉背井來台自立門戶

羅老師從小就對美術有著濃厚的興趣，而羅老師的父親是位鐵匠，在小時候父親憑一雙火眼金睛觀看火候即能斷定溫度並將鐵件快速緊密契合，承襲父親的巧手，且自己也很喜歡動手設計製作，她爽朗地說：「父親志業是鐵匠，用大鐵鎚打鐵；而我用小鐵鎚打金，也算是種傳承與升級吧！」在這樣的環境下，父母親對於她從事珠寶設計製作很支持，她年紀輕輕 18 歲就開始當珠寶學徒，到深圳跟隨香港師傅從畫設計圖開始學起，一路學蠟雕製作、脫蠟鑄造，因為對珠寶設計的熱愛讓她在不到一年就學有所成，並且升格當師傅後又開始學習與經營管理階層，連同妹妹與妹婿也在羅老師的教導下，走上珠寶設計製作這條路。

學有所成後羅老師在因緣際會下來到台灣，原本與人合夥開珠寶工作室，因為理念不相同決定自立門戶而創立鑫苹珠寶，在台灣獨自一人的羅老師，手頭上的資金不足，但為了自己的理想，將僅存的資金決然地買下了金工桌、租了間的店面，就這樣憑著一門鮮少人所碰觸的蠟雕製作、脫蠟鑄造技術，開始幫客戶做代工定製，而舊雨新知的客戶對羅老師的手藝相當信任與支持，紛紛至鑫苹珠寶，讓鑫苹珠寶的知名度愈來愈響亮。

要求嚴謹、講究工法

黃金，自古便是大富大貴與身分的象徵，K 金是用黃金加其它微量金屬調配而成，若用來純手工製作，經由焊接、輾片到鋸、銼、沙子打磨……，耗損量較多、成本也較高，有別於傳統珠寶製作，而蠟雕的手法更能省時、省材料，因應著科技的進步，羅老師也習得台灣罕見的 3D 純雕技術，有別於市面上常見的 3D 樹脂在鑄造過程中有砂孔，而羅老師使用的是純蠟，脫蠟後沒有殘留灰燼、表面更乾淨且漂亮；特別的是，鑫苹珠寶還有珠寶翻新的服務，可以把舊、退流行的 K 金回收再製，將舊有的珠寶經過設計重新製成自己喜歡的款式，羅老師也會將原本珠寶的 K 金拿去測成色，依照當時金價折抵在新設計的飾品上，使珠寶煥然一新，延長珠寶的壽命，也讓原本的珠寶重啟了新的生命。

1. 設計手繪圖
2. 珠寶翻新：翻新前
3. 珠寶翻新：翻新後
4. 蠟雕成型
5. 金工半成品
6. 設計成品

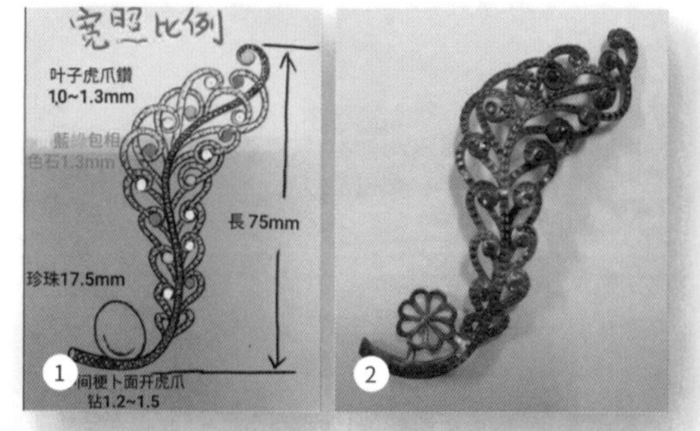

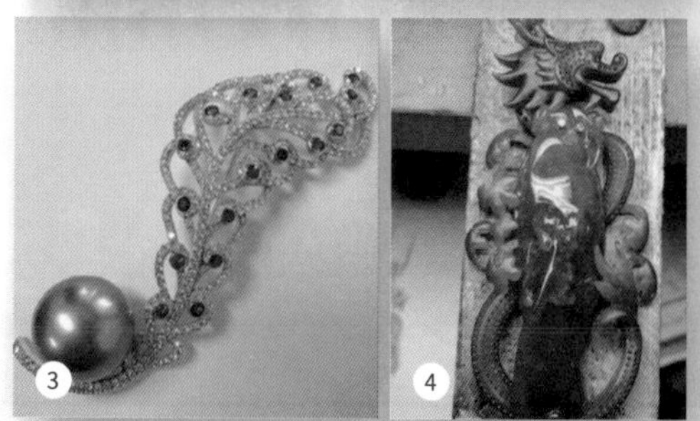

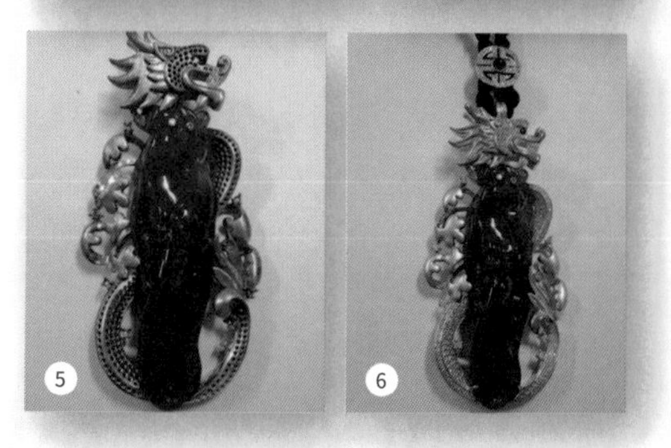

「愈是簡單的事情愈要做得漂亮」羅老師對工十分講究，她要求嚴謹，即使只是簡單的飾品，但每顆珠寶的細節都能看出工是否做的細緻，她認為即使材料普通，如果工能做的精細便能提升珠寶的價值，除了要求技術，珠寶是最貼近肌膚的飾品，如手環、項鍊，尤其是耳環還會穿過耳洞，因此身體的安全衛生也是羅老師很看重的，鑫苹珠寶的飾品成色都很足夠，不易造成過敏，且以黃金水做珠寶電鍍，珠寶顏色較為亮麗飽和也能維持較久，更重要的是對身體無害。

羅老師認為「沒有女人不喜歡珠寶的」，所以她主要服務內容以客製化珠寶設計居多，結合 3D 蠟雕及金工技術，根據客戶帶來的材料手繪設計圖，再用想像力將想法用蠟展現出來，為了回饋客戶，客戶喜歡才是最優先考量，她設計產品不需要額外收取繪圖費用，只有製作工費；儘管現在鑫苹珠寶已有另僱珠寶師傅，但每個作品羅老師依然會經手親自做最後的檢查，每個鑫苹珠寶出產的飾品都有羅老師的品質保證，絕對讓客戶滿意。

愛上台灣這塊地，扎根傳承技術

創業初期，羅老師沒有足夠的資金、也沒有合夥的股東，離鄉背井、沒有親人可以依靠的她也曾經想過放下台灣的一切回到深圳，但她認為台灣的文化及環境很適合創業家自由發展，「台灣最美的風景是人」因為喜歡台灣這片土地及這裡濃厚的人情味，再苦也要咬著牙撐下去。

信用及品質是羅老師一直以來堅持的理念，她認為每顆寶石價格皆不斐，而客戶願意把珠寶交到她手上就代表對她的信任，她也勢必把品質做到最好讓客人滿意，也因為羅老師的堅持因而有許多一路支持的客戶也逐漸成為朋友；如今，羅老師從事珠寶設計已有二十年之久，在 2018 年榮獲第四屆傳家寶金工大賽 - 社會組、台灣區珠寶工業同業公會獎第三名，作品「鸚緣」將手工蠟雕鑄造金工作結合；且羅老師更是台中市社會組參賽師傅中唯一的女性，同時也是台中唯一得獎者，儼然成為台中珠寶業的驕傲、珠寶設計界中的女王。

喜歡挑戰的她對自己的手藝很有信心，希望可以透過她的巧手讓大家更了解客製化珠寶設計，更將目標放眼國際，希望未來可以拿下日本與歐洲的設計大獎；「喜歡就不會困難」羅老師說道，雖然創業這條路不簡單、很艱辛、又難熬，但走起來充實，她深信戲棚下站久了總有一天會成功，如今回頭憶當年，她慶幸有歷經過這些波瀾，才能讓她擁有今天這番成就。

#B | 鑫芊珠寶工作室

商業模式圖 BMC 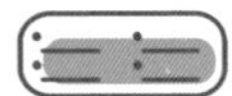

重要合作

- 珠寶師傅
- 銀樓

關鍵服務

- 珠寶翻新
- 客製化設計

核心資源

- 金工技術
- 鑄造技術
- 焊接技術
- 蠟雕技術
- 累積的舊客戶

價值主張

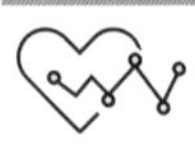

- 追求信任與品質，以特有的 3D 蠟雕技術替客戶設計客製化的珠寶。

顧客關係

- 主動購買
- 共同創造

渠道通路

- Facebook
- 珠寶展

客戶群體

- 想要設計珠寶的人
- 想要購買珠寶飾品的人
- 需要珠寶翻新的人

成本結構

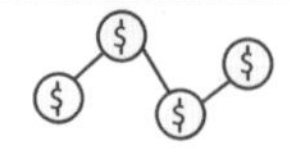

製作機器、人力成本、原物料成本

收益來源

珠寶賣出收益、珠寶製作費用

#C 創業筆記 TIP

- 愈是簡單的事情愈要做得漂亮，每個細節都可以看得出是否有用心去做。
- 喜歡就不會困難，雖然創業很辛苦，但因為熱愛就能堅持，堅持久了成功就會是你的。
-
-
-
-
-
-
-
-
-

#D 影音專訪 LIVE

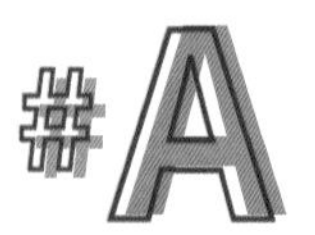

義紘有限公司

誠懇負責、模具加工的最佳夥伴

義紘有限公司的行動官網

李遠明，義紘有限公司的總經理，公司創立於 2005 年，起初公司主要以各類型模具加工及開發為主，之後也延伸出產品開發設計、打樣量產與客製化服務，在傳統加工產業激烈競爭的時代，義紘穩紮穩打，堅持給客戶最好的服務及品質，以最誠懇及負責的態度，在穩定中求進步，期許未來能走入國際市場發光發熱。

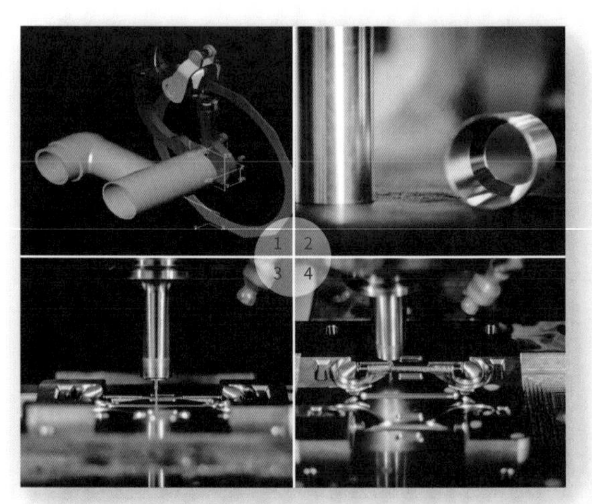

1. 配合客戶客製化設計　2. 鏡面車削技術的展現
3.4. 模具之精密加工

勇於嘗試，毅然決然踏入創業

求學時的李大哥就讀台中高工印刷科，學校教的工科基礎理論很紮實，爾後也自然地就讀工業工程與管理學系，畢業後李大哥便投入印刷廠做學徒，但印刷廠工作內容單調且薪資低，便轉而到食品機械加工廠，有相關基礎的李大哥相當受老闆器重，但隨著時間一久、工作量增大，李大哥向老闆反映希望增加人手，但老闆總是回絕他，並以「我要試試看你的能耐到哪裡！」回應他，然而這句話在李大哥的耳邊迴盪了好幾年，「我總是被測試，那我也想測試看看自己」的想法油然而生，恰巧李大哥的連襟想投入模具開發與加工產業，想邀約他一同創業，也許是想賭一口氣，李大哥就這樣毅然決然開啟創業之路。

跨領域從頭學起，誠懇待人累積客戶

跨到模具開發與加工的領域，跟以往的食品機械加工產業截然不同，沒有實際操作經驗的李大哥也自己進修 3D 繪圖及軟體應用的課程，還到職訓局上課、考取證書，李大哥以誠懇的心學習，也主動一間間公司拜訪做陌生開發，許多客戶也因此跟李大哥結交成為朋友，客戶甚至願意用自身經驗教導李大哥，口碑相傳之下，客戶量也逐漸穩定，客戶信任度高、回流率也高。

義紘主要從事各類材質與零件的加工，舉凡可以 3D 雕刻的像是模具加工、壓鑄、射出、鋅鋁模、鍛造模等都是服務內容，近年來更延伸了發泡模具、脫蠟模具及自動化車床，「技術、品質、時效」是義紘的經營理念，用最佳的服務跟品質給予客戶信任感是李大哥的堅持，為了效率，李大哥更加裝了機械手臂，自動化的頻率沒有時間差，尺寸控制好、誤差小，比起人工上下料準確率更高、品質也更穩定，大大提升了產品良率，也省去人工成本。

1. 產品設計＋打樣＋送法蘭克福參展
2. 模具加工精緻的呈現
3. 精密細緻的 3D 加工
4. 義紘有限公司名片
5. 產品設計之爆炸圖
6. 車床自動化設備一隅

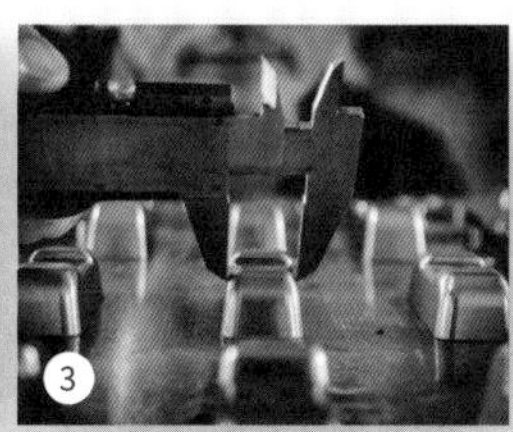

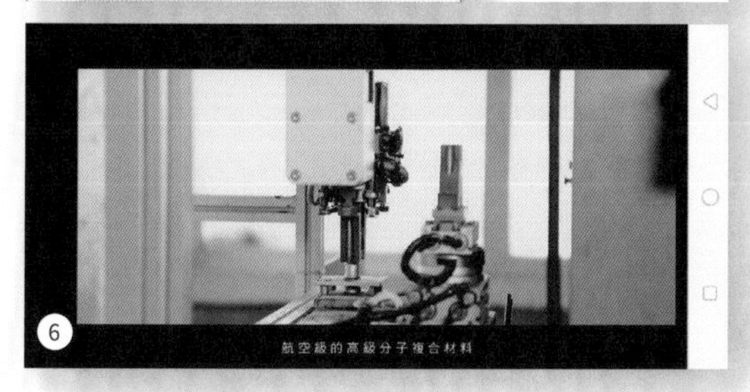

歷經波瀾，依然正向積極

在這個產業裡，從畫圖、轉程式到交付給機械的過程中，任何流程及環節都需要小心謹慎不能有瑕疵，草創時期，李大哥就曾因為不熟悉業務而被客戶指著鼻子罵，也曾因為資金緊縮，明明接了許多案子卻因為要還貸款而一直賺不到錢，甚至遇到不肖客戶想壓低價格，投入多卻回報少，讓李大哥覺得白忙一場；遴選人才方面也處處碰釘子，員工原本想創業，古道熱腸的李大哥還栽培對方，並提議以後往後可以合作，想不到對方竟然背地裡竄改程式，離開前還把廠內弄得亂七八糟；歷經過被客戶質疑、被員工背叛，李大哥儘管難免有些許失落，但他的心態依然正面積極，他也相信自己的能力如果足夠客戶就會願意留下，留下來的客戶也就是最適合公司的。

老闆不好當，背後艱辛不為人知

早期，工廠只需要有機台即可，客戶會親自載模具到工廠，但因為傳統模具工廠需要大量人員操作手工，人力成本偏高，近五、六年開始，CNC 廠逐漸崛起，傳統加工產業的競爭力也愈來愈激烈，導致供過於求，全球都在比價，要隨時改變營運方針才可以跟上時代的變遷；李大哥坦言，當老闆不像外在看來的光鮮亮麗，最一開始要先投資機械設備，每台機器都造價不斐，接著要穩固客戶群、降低風險，加上近年來全球化，許多工廠外移，不見得會在台灣生產或開發，產業可能會愈來愈萎縮，當老闆其實要煩惱的事情很多，背後的辛苦及用心都是不為人知的，如果創業者想要投入相同產業，毅力一定要十分強大，要先想好退路、做最壞的打算，才能夠抱著「只許成功不許失敗」的決心義無反顧地往前衝。

義紘至今已十五年之久，受到許多客戶肯定，實際應用在產品上並銷售，還到法蘭克福參與展覽，也有以色列的客戶希望組裝晶片上衛星，種種的反饋都讓李大哥覺得與有榮焉；過去義紘都以承接代工為主，未來，李大哥也會再更自我精進，改善廠內的製程，使運作更順暢，並且著手研發自家品牌；一向廣結善緣的李大哥不喜歡「在商言商」的理念，他笑說自己不像個老闆，不會一味為了做生意而工作，反而認為工作是一時的、朋友才是長久的，所以他跟許多客戶都建立友好的關係，甚至可以相約爬山和騎自行車，他個性樸實、誠懇待人，也珍惜每個客戶、堅守品質給客戶最完善的服務因而廣受信賴。

#B | 義紘有限公司

商業模式圖 BMC

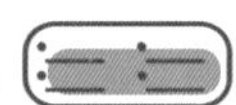

重要合作

- 加工技術人才

關鍵服務

- 模具加工
- 零配件加工
- 產品開發設計
- 打樣量產
- CNC 車床、銑床

核心資源

- 模具開發技術
- 加工技術
- 機械手臂

價值主張

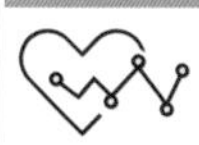

- 除了模具加工也可配合客戶的產品設計，追求「技術、品質、時效」，協助客戶在這分秒必爭的商業裡，省下時間成本。

顧客關係

- 共同創造
- 主動購買

渠道通路

- 官方網站
- 工業展覽
- 公益活動

客戶群體

- 醫療、航太、電子、光學、汽機車、自行車、機械五金產業

成本結構

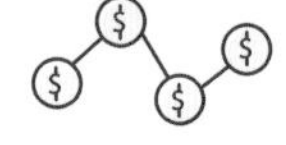

機器設備、人力成本、開發技術

收益來源

產品賣出收益

#C 創業筆記 TIP

- 創業要先想好退路、做最壞的打算，才能夠抱著「只許成功不許失敗」的決心義無反顧地往前衝。
- 不要一味為了做生意而工作，誠懇以對、跟客戶結交朋友，關係才能維持長久。
-
-
-
-
-
-
-
-
-

#D 影音專訪 LIVE

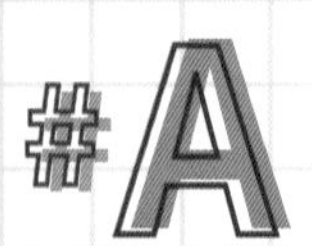

奧丁數位科技有限公司

用心做好一件事，只做好的軟體開發

翁煜宸 (Win)，奧丁數位科技有限公司的執行長，因為喜歡畫畫而開始接案，對於設計相當熱忱的 Win 將觸角延伸至應用軟體開發及程式設計，秉持著用心做事的理念幫助客戶建立專屬的電商系統，希望能藉由奧丁讓大眾看見更多優秀的企業。

初嚐創業甜頭，決心征服自己弱點

非科班出身的 Win 其實是出身於土木系，大學時期因為喜歡畫畫而擔任社團美術，設計作品廣受好評之後便逐漸開始接案，對於接案充滿成就感，也發現到接案的收入似乎比上班族還高，感覺擁有的技能就像煉金術般，自己開價碼、客戶也願意買單，體悟到原來靠自己賺錢的感覺如此美好，自己的價值取決於自身的能力，彷彿可以自己定義世界，不被收限於框架裡，也就更加堅定了他想創業的決心；成立公司後，原本主要做包裝設計，不過公司為了生存，Win 也多方嘗試不同設計類型，對於設計相當熱忱的 Win 也嘗試切入網頁設計的市場，並隨著 iPhone 的熱銷，延伸了應用軟體開發及程式設計，Win 也看中這個市場開始替客戶架設網站，可惜技術還不夠純熟、資金也不足，公司只好暫時收起來。

在哪裡跌倒、就在哪裡站起來，Win 知道自己能力不足，有骨氣的他便決心征服自己的不足，便開始自己研究寫程式，也逐漸認識工程師，Win 不斷地充實自己，學會了撰寫程式也可以與工程師溝通，再加上 Win 原本就懂設計也有業務能力，便領導團隊招集了工程師加入開始接案，重振公司。

奧丁數位科技主要內容是做網站開發、軟體設計、應用程式，也負責做電子商務方面，像是提供客戶建置購物網站，或是金流物流管理、商品訂單管理等的經營管理系統；也因為 Win 喜歡幫助別人，所以奧丁數位科技的主要客戶大多是中小型企業或是初創企業，幫助想創立自己品牌的業者建立專屬的電商系統，也集結客戶的經驗給意見，讓新投入的業者快速吸取經驗，希望它們可以少走一點冤枉路。

欲吸引優秀的人才，自己得更加優秀

一路走來，Win 也非一帆風順，Win 的母親對於他創立自己的公司其實很反對，父母親都是公務員出身，薪水穩定，朝九晚五、上下班時間也很固定，但自己創業是沒有確切的上下班時間跟休假日的，也常常在外到處奔波、漂泊，看似居無定所的工作型態讓母親難以接受；不過也許就是 Win 這樣自由的靈魂，他的帶人風格也很開明，他認為人是企業體裡最重要的元素，在公司裡，沒有明文規定上下班時間，外出也不需要報備，甚至也不會指派員工工作內容，相反地，而是接到合作提案時開專案會議，讓員工們各自主動認領想要做的工作項目，也因此員工都很自律，而 Win 亦然如此，他的自我要求甚高，總是認為自己能力不足、不夠專業，所以不論前一天多晚就寢，每天都堅持要早上五點就起床，在上班前給自己充裕的時間健身或讀書，因為他希望留時間給自己成長，讓自己維持在一定的狀態，每天都讓自己成為更優秀的人。

把事情做好，成為用心做事的人

奧丁數位科技創立迄今已經十幾年了，Win 認為，能走到今天是因為有願意把企業交付給奧丁數位科技的客戶，還有一直相信公司價值理念的團隊夥伴，「用心做好一件事」是 Win 的經營理念，說來簡單卻也很難實踐，因為用心往往需要投入很多成本跟心力，但 Win 從不交差了事、也不計量成本；未來期許奧丁數位科技的電商系統可以被更多人廣泛使用，為了回饋客戶、降低客戶的成本，也希望推出免費版的系統，等客戶賺錢再付費，也可以藉此幫助想自創品牌的初創企業。

「做事的人不作秀，作秀的人不做事」Win 認為做生意多少需要一些外在的包裝，但也確實有許多金玉其外、敗絮其中的業者，而 Win 自認為是一個用心做事的人，他也相信這個世代依然有很多跟他一樣願意苦幹實幹、努力把事情做好的人，所以他希望能讓大家看到的是用心做事的人，而不是看到只會冠冕堂皇說漂亮話的人；Win 最在意的就是踏踏實實地做好每個客戶，而這也是他最想帶給大家的建議，做軟體設計這個行業，不論是開發系統還是撰寫程式，到客戶端那頭可能只看的到成果展現，付出的努力客戶不一定看的見，儘管如此，也不能為了貪圖方便而隨便對待，不要走捷徑、做好該做的事，不要等到出問題才回過頭來解決，這樣不僅花費太多成本，也會拖累團隊一起承擔，眼光要看得遠，不要在意眼前的短期成本，降低總成本才是最重要的，要懂得投入時間做對的事。

#B | 奧丁數位科技有限公司
商業模式圖 BMC 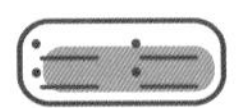

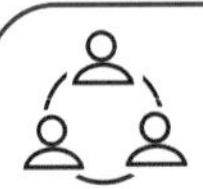

重要合作

- 工程師團隊

關鍵服務

- 手機 app 開發
- 網站設計
- 網站應用開發
- 品牌規劃設計

核心資源

- 軟體設計技術

價值主張

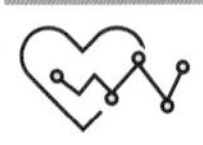

- 依照客戶需求開發軟體、撰寫程式設計，幫助客戶架設專屬系統。

顧客關係

- 客戶主動提案合作

渠道通路

- 外包網站

客戶群體

- 想創品牌的業者
- 需要電商系統的客戶

成本結構

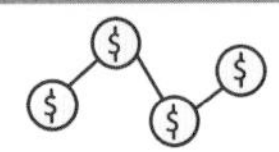

技術開發、人力、行銷

收益來源

設計費用

#C 創業 TIP 筆記

- 在哪裡跌倒、就在哪裡站起來，從失敗中記取教訓必定能征服自己的弱點。
- 創業眼光要放遠，不能為了省下眼前的成本而偷工減料，降低總成本才是最重要的。
-
-
-
-
-
-
-
-
-

#D 影音專訪 LIVE

宸昊資訊有限公司

大數據時代來臨，商業智慧幫您創造無限商機！

ChaHugo

宸昊資訊有限公司

席石琪，宸昊資訊有限公司的總經理，在資訊產業打滾已二十多年，以自身豐富經驗，將商業智慧結合數據分析提供商業資料應用，運用大數據分析協助客戶快速地找到適合開店的地點以及提供開店後的情報，渴望協助中小型零售業發展無限商機。

1. 公司尾牙
2. 公司與大學合作舉辦行銷講座講評
3. 公司與客戶研討會頒獎
4. 公司舉辦企業講座主管與夥伴合照

確立適性方向，轉而投入資訊業

席總原本是學機械出身，畢業後到製造業的研發部待了兩年，一路上好幾年的摸索才讓他體悟到自己真正想要的是什麼，轉而投入資訊產業，這才確立了自己的適性方向，而這一待就到現在二十幾年的光陰。

踏入資訊產業後，席總前後投入了新力、IBM等外商公司與精業公司等的資訊產業大公司任職，期間幫各行各業做資料處理分析等專案，接觸到的客群皆為台灣前五百大企業，隨著商業智慧概念的興起、外商逐漸導入，台灣的市場需求愈來愈高，席總認為台灣的產業可以區分為零售業、製造業與金融業三大產業，其中零售業最變化多端但資訊化卻最不足，也還有很多的發展空間可以再創造更多便利性；他發現市場上絕大部份的大數據分析都著重在於開店後，協助業主做行銷與導客，絕少會做立地商圈、人流及展店分析，然而想自己創業開店最重要的因子就是地點，尋得一個好的地點就等同於成功了一半，且好的地點競爭激烈，不見得搶的到手，也不一定適合自己，除了開業地點，還有許多開店前後的資訊需要了解，即便現在是科技興盛的世代，仍有許多創業家不知道該如何取得資源，席總看到了這塊市場的痛點，創業的種子也在他心中慢慢萌芽。

看見產業商機，映證創業想法

回溯到創業前，席總在因緣際會下遇到小林眼鏡這個客戶，原先小林眼鏡計畫到日本找資源，但一趟成本就要價上千萬，席總認為這是個良機，便大膽提出以較低的價格接案，於是開始整合團隊、收集資料，過程中歷經員工磨合、技術突破，前前後後耗時近一年終於成功結案；其實席總一直有創業的規劃，他明白市場上依然有許多需求可是鮮少有公司可以供給服務，也正好透過此次合作看到商機、映證了他的想法，進而創立宸昊資訊。

宸昊資訊主要做大數據服務、商業數據分析和資

1. 擔任 2020 台灣日通國際物流股－物流實務專題競賽評審感謝狀
2. 開店最佳夥伴－勘店寶
3. 宸昊服務項目
4. 宸昊展店選址
5. 宸昊店鋪通
6. 宜蘭待用餐

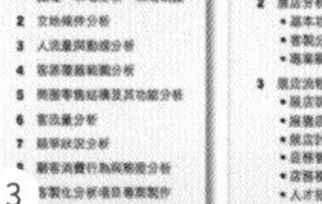
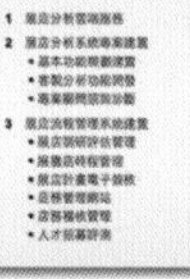
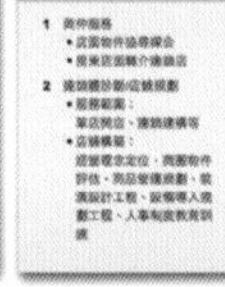

料蒐集，包含零售業的展店分析跟營業分析，將人工商業智慧注入地理空間大數據和地理資訊技術中，運用大數據分析及視覺化呈現的方式協助客戶快速地找到適合開店的地點，並透過基礎管理機制，完整呈現開店生命週期歷程，讓開店的業績能歷久不衰。

事事親力親為，老闆兼員工

「錢從哪裡來？要怎麼養家？」是最直接的問題，也是創業初期每天一睜眼就要面對的實際面，但席總想著現在不做，以後可能也沒機會做了，他自認為已步入中年，若再晚個幾年才出來闖盪，思考能力跟體力可能就趕不上年輕人了，雖然艱辛，不過資訊產業重視技術，資訊軟體成本不算太高，席總的創業夢想醞釀多年才實踐，小資本額的創業還算勉強過得去。

創立公司以來最大的挑戰其實是內部組織的問題，席總說道，原先他集結了五、六個朋友共同合作創業，起初大家都一頭熱，但久而久之漸漸有人說的多卻做的少，很難找到志同道合的夥伴，所以宸昊資訊才轉變成席總自己獨資，然而自己當老闆就必須事事親力親為，校長兼撞鐘、老闆兼員工，很多員工看不到的細節都要實際了解，員工負責技術跟資料處理，席總則是自己負責業務開發，因為他認為身為領導者必須掌控整個局面，要理解客戶需要的是什麼才可以進行有效地溝通。

擁有市場獨特性，協助企業製造商機

宸昊資訊的服務內容在市場屬於寡占，得到許多客戶的正面回饋，客戶的公司業績得到成長是席總最有成就感的事，目前宸昊資訊的零售輔導專案與雲端服務並行，他也發現到台灣零售業雖然眾多但每個企業之間落差很大，真正有能力做數據分析又養得起團隊的企業其實不到一百家，而且大多是知名的集團企業，所以宸昊資訊計畫未來可以建構平台，增加資料多樣性讓資訊量足以運用，期許未來可以達到一條龍的服務，創造高ＣＰ的服務，以幫助更多的中小型零售業，也渴望將能量向海外擴散，目標朝東協搶進，用數據幫助企業找出問題癥結點，進而發掘、創造商機。

席總在資訊產業已打滾二十餘年，一路上跌跌撞撞、歷經挫折波瀾，他說到：「遇到難關時不能慌、不能被打趴，每個難關都可以過得去，當你把問題扛下來，老天爺必定會為你開一扇窗，問題便會迎刃而解。」雖然創業很辛苦但席總認為這是很好的出發點，不過要審慎思考內外在因素及自身狀況，了解自身的創業內容是否為市場真正的需求，往藍海觀點去思考、加強自身優勢，並且保持彈性，因為計畫不可能百分百完美，創業就像是跟時間賽跑，當計畫趕不上變化時，要能隨時修正方向找另一條通路，最重要的就是腳踏實地、並隨時保有調整的彈性，盡力完成工作。

宸昊資訊有限公司

商業模式圖 BMC

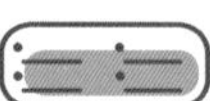

重要合作

- 小林眼鏡
- 肯德基

關鍵服務

- 立地評估
- 商圈調查
- 競業調查
- 店面媒合
- 成本評估
- 連鎖輔導

核心資源

- 商業智慧分析
- 大數據建置技術

價值主張

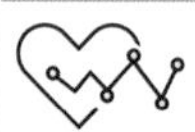

- 協助品牌業者，透過數據資訊輿情監測分析了解市場動向，將產品或服務推給對的客群，透由精準行銷與業務產生最大效益進而提高銷售成績。

顧客關係

- 共同創造
- 個人協助

渠道通路

- 廠商合作
- 官方網站
- 研討會
- 講座

客戶群體

- 零售業者
- 創業者

成本結構

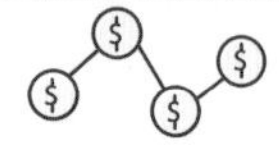

技術開發、人事成本

收益來源

- 服務費用

#C 創業筆記 TIP

- 老天爺為你關一扇門，必定會開另一扇窗，只要願意面對問題，問題便能迎刃而解。
- 創業保持彈性，因為計畫不可能百分百完美，當計畫趕不上變化時，要能隨時修正方向找另一條通路。
-
-
-
-
-
-
-
-
-

#D 影音專訪 LIVE

#A 創星淨聯科技

開發未滿足的需求，從呼吸開始

陳台彰，創星淨聯科技創辦人。創業前的陳台彰於工業技術研究院就職，於一次因緣際會下外派到國外進行交流訪問，半年後回台的他變身為超級過敏兒，為解決生活困擾，陳台彰從空氣清淨機出發，還給大眾呼吸的權利。

產品照 - 迷你空氣清淨機

當生活剩下無止盡的噴嚏

陳台彰為交通大學環境工程博士，畢業後的他隨即進入工業技術研究院服務，於某次機緣下旅派國外的機會，說長不短的半年過去了，回台後的陳台彰沒想到自己的體質居然產生莫大變化，不知怎地他竟成了過敏兒！對此陳台彰相當煩惱，流不完的鼻涕、成堆的衛生紙團、發癢的雙眼折磨著他，他甚至連睡覺都得戴著口罩，否則洪水般的鼻水總會將他於睡夢中嗆醒。為一勞永逸，陳台彰決心找出問題、解決問題。

從了解自我做起，他發現自己的過敏原其實來自 PM2.5 懸浮微粒，目前已被視為空污重要指標，同時也是世界公認為一級致癌物——陳台彰為此添購空氣清淨機，情況立即改善許多，然而礙於機身其並無法帶往公司等場域，市面上亦無可靠的產品可供使用，此時理工科出身的陳台彰靈機一動，心想：

「那我自己做一台不就得了？」

陳台彰很快地展開行動，他向服務單位提出小型空氣清淨機研發專案並順利通過，歷經 2 年研發後再次通過工研院內部的投資審查，正式創立以潔淨技術為主的團隊——「淨聯科技」——爾後與鴻海集團「 創星物聯科技」投資合作後成立「創星淨聯科技」主要專注於潔淨科技物聯網產業。就此，陳台彰開始了他的創業之路。

註：創星淨聯科技英文名為 PURUS，取 purify (淨化) + us (我們) 兩者縮寫。

一杯咖啡的時間，一生的創業

企業啟動前，陳台彰其實對於企劃仍抱有不確定，他與幾個專精不同領域的友人約在咖啡館，幾個大男人們便這樣縮在角落大談物理學、機械學、力學等，每個人從不同角度試想機身縮小但功能不減的可行程度，如於流體、去除技術、靜電層級等面向多方考量，一杯咖啡的時間悠悠地過去了，陳台彰也在這番對談中找到答案：「可行！」他的靈魂被打入一劑強心針，所有的疑慮頓時消散，陳台彰滿面春風地步出咖啡館，一掃陰霾的他對於研發從躊躇轉變為期待。

陳台彰與志同道合的夥伴正式著手研發產品，他們每天忙得天荒地老、蓬頭垢面，實驗結果卻不盡滿意，然而團隊非但沒有被擊垮，他們反倒感

1.Purus 商周廣編稿
2. 陳台彰創辦人與其研發產品

謝失敗，並將其視為成功的元件，重新蒐集數據、分析、改善、再次實驗。皇天不負苦心人，兩個月後，團隊成功研發出商品，市面上第一台小型空氣清淨機正式問世，主打輕薄、好攜帶、強濾汙的標題馬上擄獲消費者的心，許多民眾蜂擁而至爭相購買，創星打開知名度，成為新創企業中的紅不讓。陳台彰看著這一切，他心裡有感動、驕傲，同時也有訝異，他沒想到居然有這麼多人跟他有一樣的困擾，而自己意外發現的需求居然造福了這麼多民眾，而生活中一定還有許多看不見、待發現的缺口，陳台彰找到了新的方向。

除了小型空氣清淨機的改良，陳台彰與夥伴們目前也在極力開發其他產品，他們透過注意、觀察人們的行為舉止來發掘新需求，團隊裡的人經常隨機抽問同仁：「如果這裡有什麼東西就太好了？」藉此腦力激盪，希望找出市場與消費者真正需要的產品。

我只賣我認可的產品

創星淨聯的空氣清淨機上市前其實有過一次插曲，當時產品已經進入試色階段，然而陳台彰卻發現產品使用的防火料具有刺鼻的塑料味，陳台彰對此自是無法接受，他心想：自己明明是提供淨化空氣的企業，生產成品怎麼可以帶有異味呢？當下沒有太大的猶豫，他選擇將商品送回工廠重新製作，即使老闆在溝通後斷言：「這東西本來就是這個味道。」他也堅持地回應道：「一定有沒味道的防火料！」最後陳台彰以超出成本將近 20% 的新材質替換掉原用品，對他來說，這是最基本、也是必須給消費者的保障。

創星淨聯現階段亦有開拓海外市場的規劃，主要市場將會聚焦於美國、日本等的主流國家，即使相關產業競爭激烈，陳台彰對自己與團隊的心血仍十分自信，他深信即使目前創星淨聯只是新創出頭的小蝦米，但在時間的洗滌與淬煉下，終有一天也能擁有自己的一片海域。

從價值觀出發的選擇

陳台彰一路走來並不是沒有掙扎過，身為一個創業家時時刻刻都在面臨選擇，不管是財務、行銷、營運上皆得不斷權衡、取捨；可想而知，陳台彰亦數次站在兩難的交叉路口上，每到無法決定的時候，他總會重新反思自己堅守的價值觀，並以其為準則做出相對應的選擇。而正是這份始終不捨本逐末的精神帶著創星淨聯走到現在，為一時的銷售、曝光、人氣妥協的確是誘人的選項，但陳台彰有更想守護的理念——商品確切地優化人們生活體驗——，為此他可以放棄短期利益，因為將創星淨聯打造成符合團隊理念的強大企業體才是陳台彰的最終願景。

#B 創星淨聯科技股份有限公司

商業模式圖 BMC

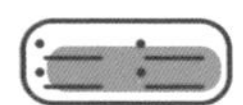

重要合作

- 物流公司
- 經銷商

關鍵服務

- 迷你空氣清淨機

核心資源

- 專業團隊
- 學識份子

價值主張

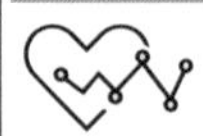

- 主動開發人們未滿足的需求，意旨帶給公眾更便利的生活。

顧客關係

- 客戶自找上門

渠道通路

- 實體據點
- 社群平台

客戶群體

- 過敏兒
- 新生兒
- 小家庭
- 上班族

成本結構

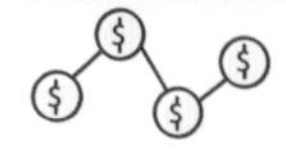

研發成本、營運費用、人事開銷、行銷支出

收益來源

商品販售、授權金

#C 創業筆記 TIP

- 有效的產品方能打動人心。
- 持續尋找人們內心潛藏的渴望事物。
-
-
-
-
-
-
-
-
-

#D 影音專訪 LIVE

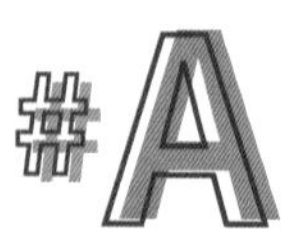

金牌清潔企業社

量身打造、將您的家煥然一新！

程增祥，金牌清潔企業社的董事長；黃玉珉，財務經理，兩人偕同房務員出身的 Star 一同創業，秉持「誠信、互助、用心」的信念，將每個客戶的空間打掃得乾淨明亮又衛生，渴望改善社會對清潔產業的刻板印象，使清潔產業得到真正的尊重。

1.2. 飯店房務整理
3. 吊燈清潔　4. 空調清潔

萍水相逢，開啟事業第二春

金牌清潔企業社，由程增祥董事長與黃玉珉財務經理共同創辦，兩人是餐飲界的創業家，在業界打滾已有三十餘年，原本已屆退休年齡的兩人退下創業家的身分在餐廳當顧問，沒想到卻因為疫情衝擊太大而經營不易，閒不下來的程總本來還想就業，但因為年紀已不年輕了，又是一路當老闆，應徵時總是被拒於門外，沒想到就在因緣際會下，因共同朋友的關係認識到在當房務員的 Star，當時她想自立門戶做清潔的產業，但沒有相關經驗的她希望藉重程總的豐富歷練創業，總是充滿活力、渾身是勁的 Star 讓程總印象深刻，兩人一見如故、相談甚歡，也成了忘年之交，程總對於創業的熱情又再度被燃起，於是開啟了事業第二春，就這樣三人新鮮的組合創辦了「金牌清潔企業社」。

所有清潔問題一手包辦

其實房務清潔的市場需求量很大但卻鮮少有企業主創立相關公司，房務員出身的 Star 也深知飯店清潔員的升遷不容易，所以除了主要的房務清潔以外，所有攸關房子的清潔問題金牌清潔也都一手包辦，舉凡一般家庭住戶的廁所清潔、客廳打掃、洗窗戶、廚房除油，到專業的大理石拋光或停車場清洗都是金牌清潔的服務項目，大部分的人都認為清潔是較基層、勞力密集的傳統產業，但其實清潔是一份很繁瑣、內容多樣的工作，除了要付出勞力，體力要充足以應付好幾間房間或爬上爬下的清理，尤其飯店房務清潔更是要跟時間賽跑，在上一組客人退房、下一組客人入住之間，短短幾個小時內要將房間打掃乾淨，還要注意鋪床單、棉被和枕頭的角度，每個看似簡單的動作其實都很講求細節；雖然已經有多年的創業經驗，但在清潔產業裡程總和黃姐算是門外漢，為了瞭解產業，黃姐也跟著 Star 親自實習當房務員兩個月，除了體驗員工的辛苦之外，也站在客人的角度去思考房間應該要如何整理才能更舒適。

清潔產業辛苦，留不住人才

「人」是最大的困難，Star 說道，一般大眾的眼光會認為清潔產業算是傳統產業，薪水低、事情

1. 地板清潔　2. 大樓玻璃清洗
3.7. 截油槽清潔　4. 停車場清洗
5. 樓梯清潔　6. 地板清潔

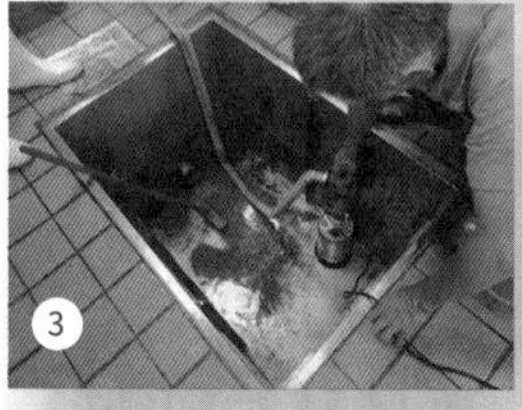

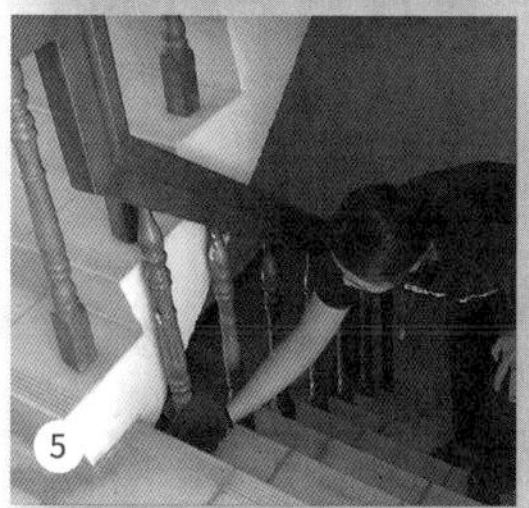

多、又要付出相當多勞力，年輕人接受度低，通常都是二度就業的婦女才會選擇從事這項行業，要留住人才確實是一大問題，但其實清潔產業是不設限的，不限年齡跟性別，只要肯做肯學習都是可以從事的；另一方面，社會刻板印象會認為清潔是低階的工作，程總和黃姐從原本經營餐廳的大老闆，轉換成經營清潔公司，轉換不同的跑道也等於一切要從頭開始，外界也投以許多不同的眼光，認為兩人太辛苦，不過程總跟黃姐絲毫不在意，很願意低下頭、彎下腰，親力親為，儘管兩人與 Star 的年齡差距大，但他們尊重專業，很願意向 Star 請教，在公司的決策方面也都交給 Star 全權處理，兩人則負責對外的公關，還有對內跟員工的溝通和同事之間的連結，他們認為帶人要帶心，所以用心對待員工，也訓練員工要有團隊精神、盡力達到客戶的要求，同時為避免業者打壓行情，也盡力跟業者達到共識，讓員工不會因為做清潔產業而受到不平等的對待；三個人共事，黃姐坦言自己在三人之中的角色就像個媽媽，程總和 Star 都愛冒險、個性較衝，黃姐則負責把關，雖然彼此個性不同又有年齡差，但各自展現專長，各司其職、合作無間。

將心比心，尊重清潔產業

「你家就是我家」，金牌清潔教育員工真誠對待客戶，把客戶家或是飯店房間當作自己家一樣打掃得乾淨明亮又衛生，使客戶一進門就覺得服務周到有水準，有賓至如歸的感覺；而金牌清潔，顧名思義就是要做到清潔產業的金牌，創立清潔產業並不容易，跨出去的每一步都是風險，敢衝敢冒險很重要，除了要堅強自己的信念、建立正確的心態以外，還有要足夠的好體力，才可以應付爬上爬下危險的工作內容；如今金牌清潔今年已邁入創立第二年，未來一樣會腳踏實地得走，穩紮穩打，Star 深信只要用心做事，自己會體會到、員工會看到，客戶也會感受得到，也希望下一步不只幫大眾，還可以做到幫政府服務，期許未來可以有屬於金牌清潔自己的飯店及教育訓練中心。

除此之外，金牌清潔更希望可以改變這個社會的價值觀，在台灣，服務業是很重要的產業，但清潔員卻一直以來都沒有受到平等的對待，房務員出身的 Star 最能體會清潔員的辛酸，尤其台灣國內的觀光旅遊很盛行，往往在退房的時候看到雜亂無章的房間，而且客戶也會有花錢就是大爺的心態，有別於外國客戶對清潔員尊重且有禮貌，這也是金牌最希望的，期許這個社會不再因為產業不同而投以不同的眼光，可以給予付出勞力的這群人尊重的態度、將心比心的體諒。

病媒防治

金牌清潔企業社

商業模式圖 BMC

重要合作

- 飯店

關鍵服務

- 一般居家打掃
- 飯店房務清潔
- 大理石拋光
- 停車場清洗

核心資源

- 產業經驗

價值主張

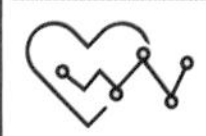

- 用心對待客戶，同時保障清潔員不受打壓，提供二度就業的市場。

顧客關係

- 主動消費
- 互相合作

渠道通路

- 官方網站

客戶群體

- 飯店
- 需要打掃的家庭

成本結構

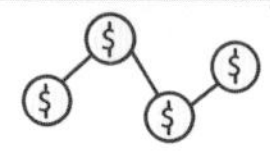

人力成本、打掃器具

收益來源

服務費用

#C 創業筆記 TIP

- 創業時，心態正確很重要，真正用心做事員工及客戶都能深刻體會到。
- 行行出狀元，每個產業都有它專業及辛苦的地方，不應該因為產業付出勞力較多而認為它較低階，應該要尊重不同的產業。
-
-
-
-
-
-
-
-

#D 影音專訪 LIVE

施達國際有限公司

從頭髮開始帶你重新認識美

STARS

鄧淑子，施達有限公司董事長。鄧淑子的母親是一位髮型設計師，因此自幼鄧淑子便一腳跨入美髮產業，從沒想過創業的她於人生際遇下意外創了起業，以施達國際有限公司為名，致力落實美到生活各個角落。

1. 雜誌第 1 期封面　2. 雜誌第 3 期封面
3. 雜誌第 4 期封面　4. 雜誌第 6 期封面

途經波折的創業路

鄧淑子從小學五年級便於母親開的髮廊幫忙，也是自那時起培養出對美髮的興趣，以往的時代下，若要以學徒的身分爬上設計師得經歷漫漫時光、種種艱辛，在競爭激烈與階級分明的產業裡成功並沒有想像得容易。鄧淑子懷著一股熱情的傻勁度過了早些年頭，搖身一變成為夢寐以求的設計師。

創業從來沒有出現過在鄧淑子的人生規劃裡，她只想在一間髮廊安安穩穩地過日子，替信任自己的客人設計出他們滿意的造型，直到再也不能工作為止，然而俗話說的好：「計畫總趕不上變化」鄧淑子於某次與朋友閒聊下發現對方有創業的念頭，同時還相當誠摯地邀請鄧淑子加入團隊，基於對友人的信任，鄧淑子一口便答應對方，共同創立了美髮為主的企業品牌。

但事情並沒有預想地順利，興許是兩人都還年輕，對於合夥機制並沒有明確的概念，兩人於公司整體決策、目標、教育方式上都有許多分歧，努力了幾年後仍不見起色，鄧淑子當時認真想了想，決定脫離體系自立門戶，以「施達有限公司」為名，鄧淑子獨自走上創業路。

感謝困難、享受困難

初期的創業十分艱辛，沒有資金的鄧淑子每天為錢東奔西跑，同時還要服務客戶、整頓員工、招募新血……，所有的事情如同枷鎖般緊緊捆著鄧淑子，好幾個瞬間她都覺得自己好像快被壓力滅頂了，回憶起那段時光，鄧淑子笑稱都不知道怎麼走過來的，忙得焦頭爛額的生活讓她沒有多餘的心思沮喪，等到回過神來的時候企業已經相對穩定，自己旗下也有了一匹堅實可靠的團隊。

就這麼平穩地過了幾年後，另一波洶湧的巨浪又朝鄧淑子襲來。毫無預警地，七個員工集體離職，

1. 雜誌第 8 期封面
2. 雜誌第 12 期封面
3. 雜誌第 14 期封面
4. 雜誌第 7 期封面
5. STARS 美學館環境照
6. STARS 美學館團體活動照

沒有說明任何原因一群人就便這樣離開了，這對鄧淑子無非莫大的打擊，這是她第一次感到害怕、第一次腦袋裡浮現：「我該怎麼辦？」但身為老闆的她不能倒下，即使內心徬徨、慌張鄧淑子仍板起臉，先是安慰店長一切並不是他的錯，接著以裝潢之名店休一個月緊鑼密鼓地尋找新血；鄧淑子知道誰都可以哭、崩潰、放棄，但不能是她，不能是身為負責人的她，於鄧淑子不懈的努力下，施達再次成功渡過重大危機。

一為全，全為一

施達國際有限公司除了設有髮廊外，特別的是同時也有高達三樓的展演空間，問及為什麼做起展演空間，鄧淑子稱都是無心插柳；一開始只是單純地將髮型作品登上雜誌分享給客人，卻意外受到青睞並受邀上架誠品，這麼一來一往也過了五年時間，施達國際有限公司也從單純的髮廊跨足到媒體產業，這樣的轉變也讓鄧淑子開始重新思索：

「什麼是真正的美？」

傳統的美髮設計通常都只聚焦在髮型本身，鄧淑子則認為美髮應該是更深入、更全面性的服務，接觸媒體業後鄧淑子更是深刻地體認到這個事實；一張髮型照的美並不僅來自髮型本身，同時也來自模特的五官、打扮、氣質，種種元素融合後呈現的成果才完整地體現出「美」，因此在服務與教育訓練上鄧淑子總是堅持在設計前必須考量客戶的特質為其打造襯托其造型，包含客戶的性格、穿著、特色都應該包含在內，鄧淑子將美髮視為全方位的品質提升，而唯有做到全方位才能成為一名出色的髮型設計師；秉持著這股真誠的心態，施達累積出許多忠實客戶，其中更不乏「非施達不剪」的死忠狂粉，滿滿的正向回饋再再證明鄧淑子的選擇並沒有錯，她帶領施達走向明光，同時也點亮了自己。

鄧淑子表示對於創業她始終抱持感激，透過創業她更了解自己、更知道自己要什麼，若是沒有創業她可能便一生沒沒無聞地待在某間髮廊終老，即便那樣的生活並沒有什麼不好，但她仍然很高興選擇創業，因為在創業的世界裡她看見了新的自己、心的自己。

#B | 施達國際有限公司

商業模式圖 BMC

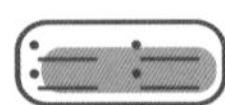

重要合作

- 雜誌社
- 書店通路

關鍵服務

- 美髮造型服務
- 美容產品販售
- 展演活動
- 空間出租

核心資源

- 美髮團隊

價值主張

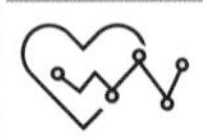

- 提供高價值的專業服務與嚴選各類商品，以提升美化消費者的美麗生活品質。

顧客關係

- 雙邊回饋
- 重視感受
- 客戶自找上門

渠道通路

- 實體據點
- 社群平台

客戶群體

- 年輕族群
- 小資族
- 學生
- 活動方
- 團體組織

成本結構

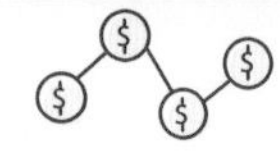

教育訓練成本、營運費用、人事開銷、產品研發進口、環境設計裝潢

收益來源

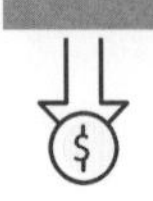

美髮服務、產品銷售、活動收入、出租費

#C 創業筆記 TIP

- 創業開始前決定創業模式，想好再做。
- 企業的根本是人，幫助員工找到品牌向心力。
-
-
-
-
-
-
-
-
-

#D 影音專訪 LIVE

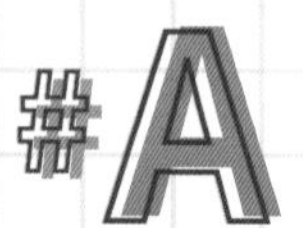

角間髮廊

指間魔法——為你而生的設計師

林世偉，角間髮廊負責人。國中甫畢業的林世偉隨即進入美容業，從學徒到專職設計師，十幾年眨眼般地流逝，林世偉開始對於受僱的生活日感厭煩，2015 年，他創立角間髮廊，在團隊夥伴們的協助下，如火如荼地開了數間分店。

角間髮廊負責人林世偉

不想讀書就學一技之長的年代

林世偉生於一個清寒的家庭，光是維持生計就很不容易，雙親更沒有多餘的資源栽培他，而林世偉自身對讀書也是毫無興趣，因此年紀輕輕的他國中剛畢業便馬上到美髮院當學徒，這是一個沒有學歷起碼要有資歷的時代，林世偉很快地便決定要往哪條路走。

入行 15 年後的林世偉已是一名髮廊設計師，然而身於一介職員他總覺得處處受限，大小事都不能自己決定，即使有想法也不能盡情發揮，他決心改變現況；林世偉開了一間小型工作室，一開始只想簡單地做，過程中卻意外吸引許多志同道合的夥伴們加入，隨著團隊規模擴大，林世偉正式承租場域，並以坐落角落的特點做為取名靈感——角間髮廊——便這樣誕生了。

開業輕鬆經營難，懵懂創業新手

林世偉創業後遇到的第一個困難是：「建立 SOP」所謂的 SOP 代表——標準作業程序——所謂標準需建立在能夠優化企業流程的基礎，不只是單純記錄操作程序，所有的 SOP 皆是於不斷實踐總結出來的結果，相關步驟須儘可能細化與量化，同時也必須是大多數人能夠認可的圭臬，一套好的 SOP 能夠有效提高企業運行效率，亦可提升企業整體品質。

然而出身美髮業的林世偉對於 SOP 可說是一知半解，他知道 SOP 對於一間企業的重要性，但至於實際建立屬於自己的 SOP 卻是完全另一回事，一開始一切都很混亂，要把所有操作流程詳細列出來並不是件容易的事情，即使好不容易做出一份草擬，實際演練後也會發現還有很多需要修正的地方，前期的林世偉為了找出最適合的 SOP 成天忙得焦頭爛額，但他並不氣餒，他將所有的錯誤與失敗視為養分，從而慢慢改變、調整，最終完成了專屬角間髮廊的 SOP。

林世偉制定出來的 SOP 功效卓越，順利帶公司撐過前三年，原以為會這樣風平浪靜的林世偉在創業的第四年迎來第二個大難關：人事。那年公司一次走了好多人，經營甚至一度陷入困境，對於夥伴的離開，他比任何人都還難受，突如其來的一切讓林世偉開始反思：

「自己是不是哪裡做錯了？做不夠了？」

回顧創業來的一切，林世偉總是獨當一面地面對所有挑戰，單槍匹馬擋在團隊前面保護大家，然而，身為領導著他是不是應該多相信夥伴一點？是不是這份單方面的體貼造就現在的局面？為此，林世偉開始改變角間髮廊的經營模式；林世偉循序漸進地下放管理權，培養夥伴成為主管，並給予其相當的權利管理店面，在這樣的模式下，林世偉與夥伴間的關係變得更為緊密，向心力也大勝以往，髮廊業績在團隊同心協力下蒸蒸日上，藉著這股衝勁，林世偉大膽拓點，目前於全台已有三間分店。

歡樂團隊，原住民獨有的活力

問起企業特色，林世偉的回答是：「真要說的話，我很愛用原住民夥伴！」他表示原住民蓬勃的朝氣總是能迅速感染周遭的人，自帶效果的他們有股神奇魔力，再怎麼生硬的客人遇到他們也總忍俊不禁，除此之外，小太陽般的他們對團隊氣氛也有很大的幫助，林世偉舉例許多公司企業常會舉辦私下聚會來聯絡同仁感情，然而大部分的職員其實只是基於「公司名義」勉強參與，對聚會非但不積極，甚至是抱著敷衍了事的心情；角間髮廊卻截然相反，大家總是和樂融融地聚在一塊，天南地北的說笑，聚會後相約續攤的光景也是屢見不鮮。對於這一切，林世偉將很大一部分歸功於原住民夥伴們的樂天性格，他們帶來的歡樂圓滑了每個人的稜角，連結起性格各異的眾人。

「想要」VS「一定要」

林世偉表示創業其實不難，難的是管理、難的是堅持、難的是後續，他鼓勵所有想要創業的人們一定要先理清頭緒再開始行動，所謂的理清頭緒便是分清楚創業對於自己究竟是「想做的事」還是「一定要的事」，創業路上會面臨到的壓力、挫折超乎常人想得大，為其崩潰的人不計其數，創業是從零開始的人生，很可能賠上一切效果卻仍微乎其微，甚至趨近於無，因此林世偉強烈建議人們如果對於創業沒有非要不可的決心，千萬別貿然行動，而一旦開始行動，便要抱持著破釜沉舟的信念，並且堅信自己能闖出一番天地。

如同許多新創企業般，角間髮廊走到現在經歷過許多波折，有時候是營運、有時候是資金、有時候是人，問題與挫折總是解決不完，每天醒來都是新的挑戰，而面對不斷的逆境，心態就成了決勝點；林世偉創業以來總是不畏困難，沿路披荊斬棘的往前邁進，這便是他作為一個創業者之所以立於不敗之地的最大關鍵，未來林世偉仍會心懷這份堅毅的戰士心態，帶動角間髮廊成長。

#B | 角間髮廊
商業模式圖 BMC

重要合作

- 美睫商家
- 知名髮型設計師

關鍵服務

- 髮型設計

核心資源

- 專業團隊
- 進修課程

價值主張

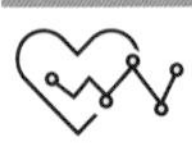

- 提供顧客優秀的服務體驗，重視回饋、持續改進。

顧客關係

- 客戶自找上門

渠道通路

- 實體據點
- 社群平台

客戶群體

- 學生族群
- 小資女
- 上班族
- 孩童
- 銀髮族

成本結構

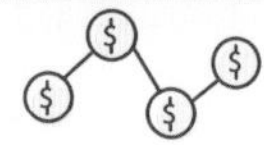

營運成本、人事開銷、課程費用、行銷支出

收益來源

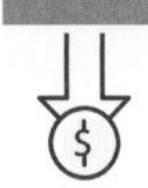

髮型設計

#C 創業筆記 TIP

- 領袖帶人要帶心。

- 腦力 + 勞力 = 實力。

- ______
- ______
- ______
- ______
- ______
- ______
- ______
- ______
- ______

#D 影音專訪 LIVE

#A 財團法人 環宇國際文化教育基金會

眾人一家親，守護你我的幸福

林景德，財團法人環宇國際文化教育基金會副董。年過半百的他仍終日奮鬥不懈，總是帶著充滿朝氣的真摯笑容，他一心想將愛傳播到世界各地，為此他盡心打造環宇國際文化教育基金會，希望能貫徹自己的終生理念。

1. 兒少課後班上課情況
2. 幸福園藝玩童趣
3. 受訓培力婦女到偏鄉小學辦畢業餐會，孩子親自煮食給師長及父母享用
4. 培力弱勢婦女學習一系列烘培手作技巧，以獲得技術及信心

這個世界需要改變

林景德是一名虔誠的基督教徒，去教會是他的生活日常，在教會中林景德結識了許多友人，由於彼此有共同信仰，於閒暇時經常聚在一起談論、分析多元社會議題，試圖找出問題病灶並想出解決辦法。他們發現現代社會速食文化經常犯不務本的毛病，比方說重視知識，卻輕忽使用知識之人的品格；追求財富，卻不釐清用財富之人的價值觀；渴望愛，卻不重視經營關係。當今社會對愛、生命的把握和敬畏日見式微，人與人心的距離越來越遠，此般無根的淺碟文化可說是全球性的危機，諷刺的是，人們卻似乎在繞迷宮；林景德與友人們見此，決心齊力為這狀況帶來改變，他們共同創辦環宇國際文化教育基金會，希望能以非營利組織的模式為社會做出貢獻，將這社會導回正軌。

入不敷出的慘況，積極轉型應對

縱有心懷大志，夢想的實踐並沒有當初想得那麼容易，創業初期，便遭逢資金困難，沒有相關組織經驗的他，並沒有想到非營利組織的金流量竟如此龐大，看著月月的赤字，說不慌、不擔心是騙人的，但他認為人們會把錢捐給環宇是基於寶貴的信任與託付，人們相信環宇能夠承載他們的善意，去解決環宇承諾需要解決的社會問題，環宇的基本義務是兌現這份承諾；為了應付龐大的虧損，他對每一筆預算進行精準地計算，在可能範圍內最大化每一筆資金的效益，但光是倚靠節流並非唯一之計，林景德決定進行企業轉型。

早期的環宇國際文化教育基金會主要是以舉辦活動為服務項目，舉凡國際會議、座談會、文藝公演等等，一開始的初衷是希望能以倡議的形式改變社會的觀念，活化漸趨冷漠的人際網絡，但林景德發現這樣的作法，想要帶來真正改變的力道有限。多方考量之下，林景德決定將營運重心移到「公益實踐」，他設立社區關懷據點，聚焦家庭議題，服務則延續之前的經營理念，囊括老中少族群，意旨扭轉社會風氣；藉著強化服務，環宇國際文化基金會若能更被大眾所認同，則來自四方的捐款自會紛紛沓至，社會影響力亦日以繼增。作為一個經營者，林景德不僅堅持這樣的理

1. 孩子到養老院打太鼓服務學習
2. 詹喬愉與國際志工陪伴雪巴育幼院的孩子開心遊戲
3. 愛尼無國界 - 尼泊爾醫療團
4. 每月接受助學金之一的高山小學受資助孩童合照
5. 逢甲大學小書屋建築團隊協助蓋尼泊爾雪巴育幼院。董事長與逢甲校長、院長、校友會長、建築師合照

念來解決營運危機，更將危機化為新能量，一鼓作氣推動環宇國際文化教育基金會一躍成為產業新星。

我想幫的不只一些人，而是每個人

環宇國際文化教育基金會所服務的族群涵蓋老、中、少三代，林景德表示雖然會有失焦的疑慮，但透過服務，會對生命的整體性有更全面、系統性的把握和理解，且不同族群的需求也能相互呼應，舉例來說，長者與幼兒的需求其實都有「陪伴」、「關愛」兩個要素，一般 NGO 通常只選擇其一來做服務，林景德並不完全認同這樣的做法，他認為不同族群間交流產生的火花與感受，不會亞於聚焦單一族群的經營模式，甚至能達到更好的服務效果。

理由是：人一輩子是透過體驗來學習、成長的歷程，人生每個時間點都是針對身、心、靈不同面相的體驗與學習；每個人的特性、處境全部都是獨一無二，可是不管任何人在任何時候，生命所要學習的核心主題永遠都是愛。因著愛，天地與我並生，萬物與我為一。一是生命最大的奧秘，愛是解開這奧秘的鑰匙。將老幼不同族群聚集在同一個場域，藉由彼此的差異與特性互相學習，會有借力使力的效果。真心付出，是讓助人者生命成長最好方法；而本地化社區服務，讓需要被幫助的人得到改善。不僅如此，捐款者的發心與善意也得到實現，因此是三方共好，這又是我們信念的又一個應用。我們相信，當人們發現付出愛是讓自己得利的時候，蝴蝶效應會改變世界，每個人既是照顧者，也是被照顧者。

擁抱自身價值，保持活力與熱忱

如今的環宇國際文化教育基金會已成為目標明確，帶著信心跨步前行的機構，這是付出一堆數不清的挫折才有的一小步。林景德一路走來堅信自己的企業價值，即便前面依然有波折、即便無人了解，他仍致力打造心目中的夢想國度——施與受兼具的互利平台，參與的每一方都能於其中獲得成長。

當年的林景德心懷赤子之心，共同參與開創了環宇國際文化教育基金會，歷練幾年後的他仍不忘初衷，他表示目前仍在持續修練、學習中，他認為唯有透過不斷的學習、改進才能帶動企業前進，也或許正是這份振奮人心的激情，他乍看下彷彿年輕氣盛的小伙般，總是朝氣蓬勃、神采煥發，未來他亦會懷著這股熱情經營基金會，並以自己認同的方式盡心回饋我們生存的世界。

愛心廚房正為獨居長者準備餐食

財團法人環宇國際文化教育基金會

商業模式圖 BMC

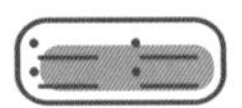

重要合作

- 社福機構
- 兒少機關
- 國際團體

關鍵服務

- 校園服務
- 兒少課輔班
- 銀髮樂活園地
- 婦女培力
- 國際服務

核心資源

- 多樣化客層

價值主張

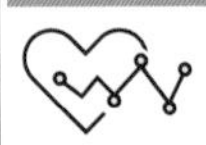

- 創造「老有所終，壯有所用，幼有所長，鰥寡孤獨廢疾者皆有所養」之社會環境。

顧客關係

- 共同創造
- 互利互惠

渠道通路

- 實體據點

客戶群體

- 青少年
- 銀髮族
- 幼童
- 壯年族群

成本結構

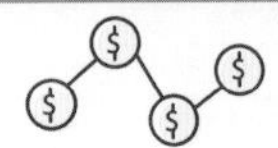

營運成本、人事開銷、水電支出、場域租借、活動

收益來源

- 公眾募款

#C 創業筆記 TIP

- 企業經營若遇瓶頸，積極尋求轉型。
- 有效利用手頭資源，錢要花在刀口上。
-
-
-
-
-
-
-
-
-

#D 影音專訪 LIVE

Startup Island
TAIWAN
我獨
創角
業，

UBC

Startup Island
TAIWAN
我獨

UNIKORN
UNIKORN
UNIKORN

我獨
創角
業，
UNIKORN
UNIKORN
UNIKORN

Startup Island
TAIWAN
我獨
創角
業，
UNIKORN
UNIKORN
UNIKORN
UNIKORN

BMC（範例）

重要合作

- Swedwood
- 木匠
- 製造業
- 貨運運輸
- 快遞公司
- 供應商
- 策略聯盟
- 設計公司
- 廣告公司
- 太陽能公司
- 聯合國兒童基金會
- 聯合國開發計畫署
- 世界自然基金會

關鍵服務

- 全球營運
- 設計家具
- 推陳出新

核心資源

- 家具運輸
- 家具設計
- 智慧財產權
- 近十八萬名員工

價值主張

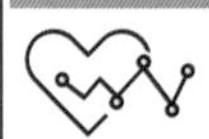

- 提供顧客由低到高的設計及裝修價格選擇，讓顧客得以負擔得起費用。
- 以現代主義聞名，有多樣的家具及器具樣式，且內部設計以友善環境及簡單為原則。

顧客關係

- 會員折扣
- 自助服務
- 多樣選擇

渠道通路

- 零售購物中心
- 食品超市、官方網站
- 宜家基金會
- 宜家企業集團
- 產品型錄、app

客戶群體

- 有成本考量的顧客
- 大學生
- 小型企業
- 家庭
- 大型賣場

成本結構

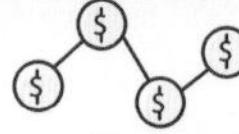

稅收、產品研發、營運成本、人事成本、營業及人員技術證照、廣告及行銷成本、原物料、運輸成本

收益來源

家具販售、餐廳、運送及組裝之服務費用、紗線、工具、拖吊等專業設備、經銷費

我創業，我獨角（練習）

設計用於 ______ 設計人 ______ 日期 ______ 版本 ______

重要合作

關鍵服務

核心資源

價值主張

顧客關係

渠道通路

客戶群體

成本結構

收益來源

Chapter 4

某某米有限公司

百分百的服務，活動幕後的最佳推手

薛鴻章（Truss），某某米有限公司的總經理，接觸舞台燈光音響產業三十餘年，成立公司後轉型經營活動統籌，並將事業擴張、延伸，期盼團結力量大、能夠集結合作夥伴的資源成為集團企業並永續經營，持續為社會付出服務。

跟隨哥哥腳步踏進產業，轉型做活動統籌

Truss 的大哥及二哥皆從事燈光音響展演工程相關產業，Truss 也在耳濡目染之下利用閒暇假日時間接觸，職業軍人出身的他在退伍之際，從自己會的技能做起，他認為台灣屬於海島國家，觀光及娛樂產業必定會是未來的趨勢，三兄弟齊力合作一同成立燈光音響硬體公司。爾後，Truss 輾轉到幾間燈光音響公司任職，前前後後也創立多媒體公司、模特兒公司，甚至到電視台擔任電競比賽賽評，與金曲歌王施文彬結識，因而共同籌辦社團法人臺灣電競協會，屢次創業的 Truss 一直在相同產業在累積經歷，便決定將事業體做轉型並創立了某某米有限公司。

某某米不只是燈光音響展演工程，服務內容再升級囊括了軟體和節目周邊設計，Truss 的工作內容包羅萬象，經手舉凡政府標案、各式典禮、晚會、派對等大大小小的活動統籌，經手過無數場活動的策劃，Truss 也自己籌辦活動，「山海屯搖滾祭」及「搖滾連續祭」便是目前某某米著手進行的活動，是專屬獨立樂團的演唱會，將會有四個舞台、為期三天的演出；除此之外，某某米也舉辦公益活動—「希望台灣傳愛一百」，有別於一般呼籲捐贈物資或款項的公益活動，選在感恩的 12 月裡與社福單位合作，透過向大眾募資買火雞邀請各界恩人回來一起享用，至今已經連續第八個年頭，且有包含曉明基金會、腦性麻痺關懷協會、啟明重建關懷協會、慢飛家族、愛心餐飲協會等多達四十個單位共襄盛舉，讓社福單位不只等人幫助，也可以回饋社會。

一改原本態度，期盼產業永續經營

Truss 坦言其實創業的前五年裡他根本不知道該如何經營公司，也曾經因為自己的 EQ 跟態度不佳，導致事業差點分崩離析，好在透過一路上自我學習及成長他才認知到如何帶領員工、對待夥伴。Truss 說道，每一個案子都是客製化，而完

舞台搭建

成每個案子的過程中有太多的夥伴，每每辦一場活動都是一次新的體驗與學習，娛樂產業是需要團結合作的，一個人無法完成，但若團隊集結起來，大家各司其職、付出各自的專業技能事情就會簡單化，某某米與企劃公司、硬體公司、印刷廠等的合作都已超過十年以上，可以說是最佳的老戰友，因此 Truss 希望在未來可以集結這些老戰友，將這些公司的資源整合成集團，彼此互相幫忙、力量更加倍，產業才能永續經營。

延伸事業版圖，持續付出服務

某某米是 Truss 創業的基底，極富生意頭腦的他事業版圖囊括範圍相當大，在某某米趨於穩定後，Truss 思考著，他一直都在幫別人籌畫活動、推動他人的品牌，或許也可以試著推動自己的東西，他明白大多的產業都需要活動的宣傳來支撐，於是創立了「麗鴻有限公司」，集結各式各樣的產業包含線上媒體、顧問公司、家具複合式咖啡廳等等的合作，而這些合作也是某某米的客戶來源，以這種模式讓某某米隸屬於麗鴻旗下，自己創造自己的資源。

如今，某某米已經走過十幾個年頭，經歷豐富的 Truss 曾經以音控師的角色站上金馬獎的星光大道主控台，也包辦好幾屆政府舉辦的台灣燈會，Truss 扮演過許多不同的角色，每個角色他都樂在其中，在公益活動中看到被關懷的人、在演唱會裡看到觀眾如癡如醉的神情，種種的反饋都讓 Truss 感到與有榮焉、喜悅與感動溢於言表，儘管一路走來艱辛的時刻比起成就多太多了，但樂在工作、喜歡付出的他甘之如飴。

「先付出再說吧！」Truss 說道，娛樂產業很難做，但付出就對了！要怎麼收穫，先那麼栽，想要得到好的結果就要懂得先付出，他的工作就是活動幕後推手、默默付出服務的角色，把客戶交付的任務做到最好最完美就是他最在意的。這些年裡他從九二一大地震、SARS、COVID-19 等的災情中熬過來，他很慶幸自己從沒有放棄，「不要急、不要放棄、不要好高騖遠」是 Truss 想帶給創業家的「三不」信念，他經歷過許多挫折但他只把艱辛當成回憶放在心裡，他相信有艱辛才會更茁壯，放眼現在以及未來才是最重要的，相信總有一天會等得到開花結果。

#B | 某某米有限公司
商業模式圖 BMC

重要合作

- 7-11
- 愛睿希
- 幼鐸獎
- 樂成宮
- 台中國際青年商會
- 台中國美扶輪社
- 台灣燈會
- 高美濕地動土典禮
- 動保認養會
- 救國團

關鍵服務

- 硬體規劃
- 廣告設計
- 活動企劃
- 媒體公關
- 演出安排
- 祭祀用品租賃

核心資源

- 舞台搭建技術
- 燈光音響操控
- 廣告設計技術
- 活動道具製作

價值主張

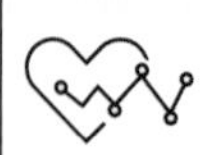

- 每場盛大又精彩的活動就像是一個好吃的飯盒，某某米就是將眾多不同的軟硬體整合，完成每一場活動計畫。

顧客關係

- 共同創造

渠道通路

客戶群體

- 演藝人員
- 政府單位
- 學校
- 宮廟
- 企業
- 飯店

成本結構

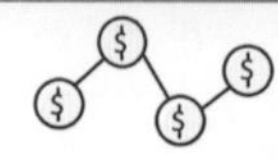

人事成本、交通成本、活動行銷成本、活動用品成本

收益來源

服務費用、活動用品租賃收益

#C 創業筆記 TIP

- 不要急、不要放棄、不要好高鶩遠，總有一天會等得到開花結果。
- 要怎麼收穫，先那麼栽，想要得到就要先付出。
-
-
-
-
-
-
-
-
-

#D 影音專訪 LIVE

#A One Flower 花藝工作室

One Flower, one new life.

ONE FLOWER

One Flower 花藝工作室負責人 – 張睿希小姐，原本是單純的小資上班族，偶然的機緣下開啟花藝人生。起初是被乾燥花絢麗多彩的外型吸引，隨著投入製作時程拉長，憑藉著與生俱來特有的美感質素，以及對乾燥花的熱愛，由製作進階為創作。最終在客人熱烈鼓舞下毅然決定創業，為自己的人生創造出瑰麗的花朵。

1. 韓國花材市場 2. 永生花藝創業全修班氣球花束
3. 秋天的鮮花生活花藝課 4. 輕架構花束

One Flower 花藝工作室於 2016 年成立，除了一般花藝作品販售，亦提供教學課程、輔導考取法式花藝專業證照等項目，如：一般社團法人 Académie d'Art Floral Français Niveau Ⅰ（初級）、Ⅱ（中級）巴黎流花藝設計士。花藝成品風格為蓬鬆、自然、較多附草等特點著稱。

一本書帶來的改變

睿希大學畢業後，選擇進入與本科系相關的土地管理產業公司，一待就是 5 年。在這幾年，她努力將所學應用在分秒必爭的職場。看似朝九晚五的日常，實際上卻因為不動產事業工作的特殊性質，加上追求完美的性格使然，她總是賣力加班到深夜。複雜職場的互動，現實社會的洗禮，讓原本懵懂青澀的大學女孩，成長蛻變為聰明有自信的女人。然而，日益嫻熟的工作背後，睿希始終找不到足以支撐自己不斷往前的那份熱情。對於當時的她來說，工作彷彿只為維持個人生存的必需，別無意義。

某日睿希一如既往在回家的路上晃進書店，平時愛看書的她，總愛隨意瀏覽不同架位擺放的各類書籍。這一天她先是被色彩斑斕的書籍外表吸引，當她輕輕翻開書頁，爾後發生的事時至今日她仍歷歷在目，霎時自己好似成為愛麗絲夢遊仙境的主角，跌入另一個時空，千百朵繽紛燦爛的花朵在眼前綻開盛放，顏色各異的花種看得眼花撩亂。睿希眨了眨眼，許久才從絢爛的花花世界回過神，原本疲憊的身心意外得到療癒。她望向書頁上圖檔旁的小字——乾燥花 。

「乾燥花？蠻美的耶，看著就覺得舒服。」她喃喃道出內心的想法，產生強烈的好奇與興趣，沒有躊躇太多，她決定隨興所至，回家後開始搜尋有關製作乾燥花的頻道、到二手書店買書、上課學習。假日她認真地挑選花材，看著滿滿整桌各式各樣的材料，一般人可能會毫無頭緒不知如何下手配製，自己靈感卻源源湧出，意外得心應手，心想：「或許這就是熱情吧？」

意外開啟了人生的新篇章

起初睿希單純地將花藝視為興趣，隨著技術的進步和作品量增多，她開始放上網路平台與朋友分享。沒想到除了得到大家的肯定與讚嘆外，更有

1. 2019AAFF 證照考場
2. AAFF 法式花藝師證照課程
3. AAFF 花藝師證照課程 - 餐桌花飾
4. 台北進修課程照
5. 韓式永生花藝課程
6. 弘光大學學生合影

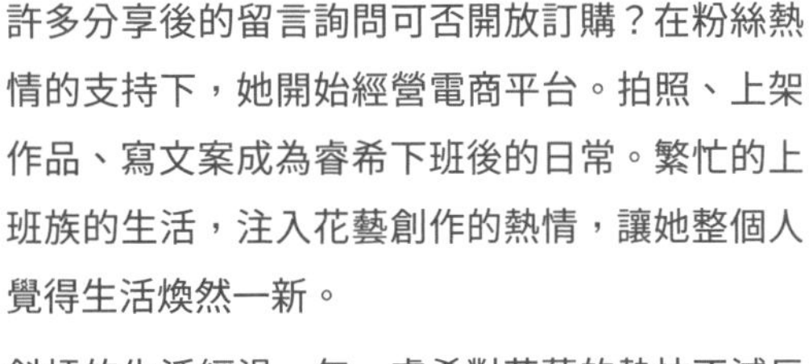

許多分享後的留言詢問可否開放訂購？在粉絲熱情的支持下，她開始經營電商平台。拍照、上架作品、寫文案成為睿希下班後的日常。繁忙的上班族的生活，注入花藝創作的熱情，讓她整個人覺得生活煥然一新。

斜槓的生活經過一年，睿希對花藝的熱忱不減反增，電商平台經營得有聲有色。她對自己的花藝有更多的自信，同時產生創業的念頭。擁有廣大粉絲群真摯的回饋與鼓勵，睿希鼓起勇氣踏出舒適圈，26 歲這年成立 One Flower 花藝工作室。

意想不到的困境，順應宇宙的流

生性樂觀的睿希，對工作室的發展抱持開放的態度，各式各樣的邀請從不設限。她受邀參加創業講座，和大家分享創業經驗；參與市集擺攤，實際面對顧客，推廣自己的作品；藉由花藝專業進行教學。以台中市為發展基地的她，原本網路上聲量相當不錯，卻在 2017 年時陷入與其他單位合作的招生不足，無法開班的窘境。與此同時，受到居住在新竹的大學好友邀約，新竹救國團的招生卻進展順利。迷茫的她在友人推薦下請教塔羅師未來的動向，老師給出建議：「順應宇宙的流。」「也許此刻老天不是要妳感到氣餒，而是現階段的妳去新竹發展會更好？」她豁然開朗，除了面對招生成果不佳的事實，著手檢討自己以外，培養轉念的能力，認真準備新竹的課程。

自此之後，One Flower 工作室日趨穩定，張睿希在這 6 年的創業過程中習得獨自解決問題的能力，學會將失敗作為養分，累積下次成功的沃土。她靠著持續不斷的熱情，伴隨日益豐富的經驗，一路過關斬將、逐步擴大事業體，至今的 One Flower 已成為國內相當知名的花藝坊。

每段相遇都有其獨特的意義，心隨境轉，與花共生共榮，榮耀彼此

創業至今，張睿希以花藝老師的身分認識許多過往未有機會接觸的人們。有的是家庭主婦，也有大學生、上班族，更有些是特殊機構人員（睿希老師今年受邀至新竹矯正屬新竹監獄擔任花藝治療課程的老師），因此認識臨床心理師以及受刑人。各異的族群藉著花藝師的身分串連在一塊，張睿希就像一個魔法師，以花藝為法杖，為他人心中點起一道道光亮。

花藝這條路，從興趣、職業到使命，這份不忘初衷的熱忱，張睿希為自己在花藝創業路上埋下如同竹筍般的幼苗，初期不斷紮根深入探索花藝的奧蘊，為未來的成長打下堅實的基礎。或許在表土之上只看到一點萌芽，但在後期穩定並急速生長、茁壯。她學會耐心等待，持續地進修，為實現自己的夢想奮鬥，點亮自己同時照耀他人，像成長後的竹子，一起成長得更高更壯，可承受風暴，團結時更加堅固。

十年磨一劍，期許睿希老師在下一個十年與我們分享另一段故事。

#B | One Flower 花藝工作室

商業模式圖 BMC 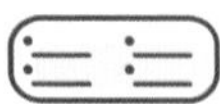

重要合作

- 公家機構
- 建設公司
- 物流廠商

關鍵服務

- 花卉販售
- 花藝課程
- 證照輔導

核心資源

- 專業花藝執照
- 蠟燭融入花材
- 6 年持續不斷地進修

價值主張

- 以花會人，藉由課程拉近社交距離，傾聽顧客的故事及想法。

顧客關係

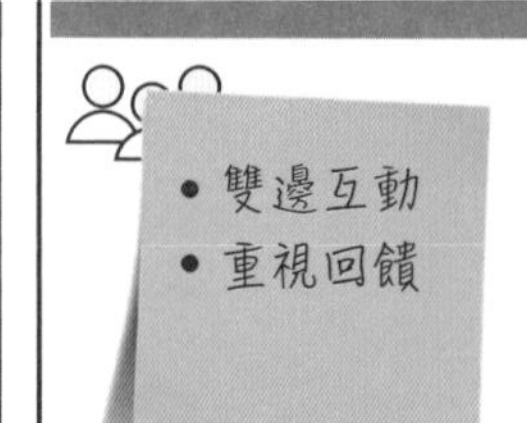

渠道通路

- 實體據點
- 社群平台
- 電子商家

客戶群體

- 喜愛花藝者
- 二度就業者
- 追求美、藝術族群

成本結構

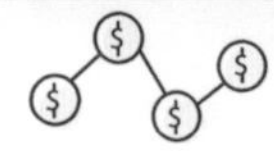

營運成本、進修費用、人事支出、物流開銷、材料進口

收益來源

花卉販售、課程費用、講座邀請

#C 創業筆記 TIP

- 觀察自我，相信努力，學會等待。
- 堅定創業理念，創造產品獨有價值。
-
-
-
-
-
-
-
-
-

#D 影音專訪 LIVE

蕾蕾小姐花藝工作室

內心的千言萬語，讓我用花幫你說

蕾蕾小姐
Ginger Flower Studio
花藝工作室

林穎聰、卓君築（蕾蕾）兩位為蕾蕾小姐花藝工作室共同創辦人。林穎聰前身為平面設計者，而卓君築離開化妝品產業後便一直是花藝師，某日離職後的她並不想拋下自己所愛，繼續以兼職的方式做花藝，而林穎聰便從中作為輔佐角色支持著卓君築的夢想。隨著客流、存貨漸增，林穎聰與卓君築興起創業的想法，尋覓到合適的地點後倆人勇敢做出決定，2020 年蕾蕾小姐花藝工作室正式開張。

1. 每年都會設計新版聖誕賀卡，由我們親手寫卡片給粉絲團的粉絲們
2. 運用老宅內的老傢俱加上簡單的輕裝潢，呼應蕾蕾小姐崇尚自然的理念
3. 乾燥盆花
4. 聖誕花禮

穩定生計 v.s. 追著錢跑

卓君築走上花藝這條路已經長達 4-5 年，任職過各類型的花藝公司，也在這當中慢慢累積花藝經驗及自我風格，卓君築離開原服務公司後，深愛著花藝的她並不想放棄熱愛的事物，現實的生存壓力卻逼著她看清現狀：單憑花藝養不活自己。為此她找了一份兼職工作維持生計，剩餘時間則全心創作花藝。作為旁觀者的林穎聰看著這一切，選擇溫柔、靜默地陪伴在卓君築身邊，於力所能及範圍之內幫助卓君築維持她的副業。

眨眼間兩年過去，卓君築的副業經營得頗具聲色，兩人雖想過是否自立門戶，然而對於放棄穩定的職場生活、跳入未知的創業坑這件事，林穎聰與卓君築兩人並沒有辦法大聲說出：「yes!」

時光匆匆流逝，林穎聰與卓君築的兼職人生迎來夏季，時值六月。兩人於晴朗的午後騎車經過人稱「台中文青集散地」的土庫里，路上一間矮老的舊房吸引住兩人的視線，湊近後一看門牌上寫著大大的「出租」二字，林穎聰與卓君築默契地對看一眼，林穎聰先行開口：「這麼漂亮的房子怎麼會沒人租啊？」卓君築在旁點頭如搗蒜地附和；或許是老天的安排、或許是兩人總算找到說得通的理由，倆人不經思慮租下老房，並將其改造為工作室，正式踏上創業長路。

創業這條路沒有輕鬆的選項

初期創業，租金、材料成本、裝潢、設計費用……大大小小的支出將兩人好不容易掙來的一點儲蓄近乎燒光，龐大的支出壓得林穎聰與卓君築喘不過氣，然而自古福無雙全，禍不單行，除了煩惱實體營運，工作室創立甫一個月便遭人惡意破壞，第一次遇到這種事的兩人簡直是嚇壞了，想破了頭也不知道自己是得罪了誰，才會遇到這種情況，怕事態惡化兩人遲遲不敢報警只能選擇繼

1. 定期舉辦花藝教學
2. 鮮花花束
3. 婚禮佈置 -1 拍照區
4. 婚禮佈置 -2 主桌花
5. 婚禮佈置 -3 將現場花材在婚禮結束前蒐集起來再製成小花束，發送給賓客，減少垃圾也將幸福延續
6. 工作室位於台中市西區土庫里的老宅

續觀察，沒想到犯人變本加厲，一次比一次更誇張的破壞行徑持續了三、四個月，為了能夠安心創業，倆人最後勇敢選擇報案，他們人生的第一次報警、第一次開庭皆獻給了創業，所幸事件最後圓滿落幕。

創業過程中的角色轉換一直是許多創業家共同面臨的挑戰，該如何從體制內員工成為一位經營者並不容易；作為設計工作者的林穎聰在職時作息相當穩定，定點定時打卡上班、下班，完成工作後便能拍拍屁股一走了之，然而就職跟創業完全是倆回事，在人們的想像中總會將創業與自由掛勾，但卻沒有人想過這份自由背後的代價是什麼，全然的自由其實是全然的自律，作為一名經營者，你沒有真正屬於自己的時間，隨時都會有大大小小的狀況需要處理，即使離開公司也得成日想著企業未來方針，對於這樣的變化林穎聰表示自己花了很長時間才慢慢適應，藉著不斷調整心態與身邊卓君築的鼓舞，他漸漸在創業路中找到自己的步調。

把握優勢，全力發揮

雖然薑薑小姐花藝工作室規模並不大，但林穎聰與卓君築將其視為優勢，他們認為就是因為自己是小公司，才能用心的服務好每個客人。卓君築與林穎聰總是花費許多時間了解顧客需求，如：送花場合、顧客與收禮者人格特質、用途等，他們專注傾聽客戶口中的每一句話並將其轉譯為栩栩如生的花藝作品，卓君築認為所謂的花藝並不單單只是做出漂亮的成品，同時也要能夠傳遞溫度、情緒，為了做出最符合每位顧客心意的作品，卓君築每每總是煞盡苦心、嘔心瀝血的全力創作，她希望每一束送出去的花都飽含送禮者與自己的真心。在這樣的堅持下，薑薑花藝工作室漸漸累積出許多死忠顧客，並於口耳相傳下日益壯大。

薑薑小姐花藝工作室除了一般的花藝販售，同時提供客製化、節慶花禮、植栽、教學等多元服務，更特別的是，卓君築與林穎聰二人目前正在著手開發「婚禮佈置」服務，除了單純的佈置外，倆人將會增設一處小花攤，在婚宴進行到中場時，將客席桌花的花材改製成小花束，分發給現場所有的貴賓；一來是將婚禮獨有的幸福感分送給大家，二來也能透過這個方式，減少傳統婚禮上美麗的花品最終只能扔進垃圾桶的窘境。

接受沒有標準答案的人生

身為創業者必須做出決定且承擔結果，每個決定都必須經過深思熟慮，在思考的過程中，許多創業家不免產生這些疑問：創業是對的嗎？這個決策是最好的嗎？創業家們總是擠破頭想得到最佳解，事實上，所謂的最佳解並不存在，因為不是每個答案都適用每個人、每個產業，林穎聰與卓君築兩者亦然，他們在這場高度障礙賽中不斷跌倒、受傷、吃鱉，最後才慢慢地找到適合自己的那雙鞋、那份節奏，一步一腳印地慢慢步入名為夢想成真的終點。

蕾蕾小姐花藝工作室

商業模式圖 BMC

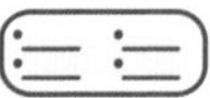

重要合作

- 活動廠商

關鍵服務

- 花卉販售
- 客製化服務
- 節慶商業花禮
- 植栽
- 場地租借

核心資源

- 花藝經驗
- 設計專才

價值主張

- 提供多面服務，全方位滿足顧客需求，重視顧客交流，同時關注永續議題。

顧客關係

- 雙邊互動
- 用心聆聽

渠道通路

- 實體據點
- 電子商家
- 社群平台

客戶群體

- 需要場域舉辦活動 / 課程者
- 花卉愛好者
- 欲贈花予人族群

成本結構

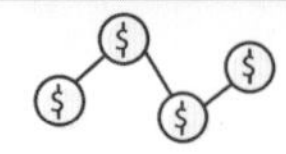

營運成本、材料進口、裝潢 / 設計費用、人事開銷

收益來源

花藝作品販售、會場佈置、花藝教學、場地租借費

#C 創業筆記 TIP

- 化劣勢為優勢，重新思索品牌定位。
- 除了自我理念同時兼顧營利需求，打擊市場痛點。
-
-
-
-
-
-
-
-
-

#D 影音專訪 LIVE

億菘花社

那些最美好的祝福，讓花代替你說

張鈺杭（小克），億菘花社的店長，因為自身興趣開創花店，花藝作品充滿個性又帶著溫柔抓住客戶的心，為了讓花店能多方面發展而延伸手作教學課程，帶領準新人親手創作自己的花束，希望億菘花社充滿互動、貼近生活，如同鄰居般溫暖而平易近人。

1.2.3.4. 婚禮布置

讓花適性發展，展現最自然的樣態

跟大多數的社會新鮮人一樣，退伍後的小克對未來依然懵懂茫然，在當時工作不好找的環境下，他想起了學生時期曾在花店打工的時光，他對花藝有濃厚的興趣，於是商科起家的小克便決定投身創業，或許有那麼一點衝動，但小克坦言當時創業對他而言是唯一的出路。

起初，億菘花社的地點就隱身在小克的舊家後門，沒有對外的店面，小克一個人單打獨鬥，沒有聘請其他員工，因此一開始小克選擇工法較繁複但一個人即可產出的新娘捧花及胸花，隨著市場趨勢搭上結婚大潮，小克開始投入做婚禮布置、開幕花籃、婚喪喜慶用的花禮，也陸續與婚紗店及婚紗工作室合作，除了鮮花以外，因為乾燥花、永生花、不凋花可以擺放的時限長，花型擺態及顏色較多樣而成為近三四年來的流行趨勢，亦是億菘花社拿手的花藝作品。

如同小克一般剛毅中帶著溫柔、大器中帶有細膩，億菘花社的花亦然如此，小克希望他的花藝作品如同他的人一樣有個性且不軟弱，店裡的木質調及大地調色的秋冬色系是最多客人喜愛的，但對於插花風格小克從未定義為哪一種派系，小克說道，花就與人一樣，要讓它適性發展，不可能每枝花都生長得一模一樣，花藝作品的呈現沒有一定的形狀，端看花材的狀況、性情及特色，並依照買花跟送花的人想要的訴求去表現，只要自己喜歡、客人也喜歡就是成功的作品。億菘花社的品牌概念不像一般傳統的花店，小克不希望把花店冠上品牌喜好，不拘泥於風格，因為他希望客人上前並不是因為花店的風格，而是因為喜歡「億菘花社」這間花店。

興趣即是工作，又愛又恨

因應一年四季，每季的花材不同，要知道不同季節的花材該如何保存，且鮮花要製成永生花或不凋花必須仰賴進口花材，花材源自不同國家就會有不同的處理方法，所以每年都會有四次進修的

1.4. 乾燥花捧花
2.3. 永生花
5.6. 花禮布置

安排，小克希望自己是通才而不是專才，可以有能力發展不同顏色與領域的花材。

小克坦言，他對花藝是又愛又恨，當興趣變成工作的時候，既帶來痛苦和煩惱、也帶來樂趣與愉悅，小克說到：「創業是一條不歸路」，就像生孩子一樣，24 小時的時間都被綁住。資金是小克在創業路上一直面臨到的挑戰，想擴大規模卻資金不足，但縮小規模又無法賺錢，總是在進退兩難中覓得生存平衡點，由於客源以婚禮系列為主，平時的訂單多集中在假日，又因為傳統習俗關係，農曆一月、四月及七月鮮少人辦婚禮，一年的收入集中在其他九個月，資金更為吃緊，也讓小克體認到，即使擁有再大的夢想跟技能，沒有足夠的現金流做後援也無法發揮長才。

如同鄰居般平易近人，溫暖貼近客戶

如今，億菘花社已邁入第十個年頭，最初只是間捧花店，中期轉型成婚禮布置的空間規劃跟陳設專門店，現在則是乾燥花、永生花、不凋花專門店，兼課程教學把技能分享給大家，提供準新人花藝教學，讓新人可以自己選擇花材、再將想要的花形做成捧花或求婚花束，讓大家學習花藝設計，將每一種花材都變身成獨特的花禮。小克希望未來能再新建門市，有個空間可以供大家欣賞花藝布置，並以教學及花藝呈現為主，不只提供客製化服務，也與客戶多方互動、貼近生活，不只是冷冰冰的店面，更像客戶溫暖的鄰居。

「好好照顧自己，不讓家人擔心」是小克要給創業者的建言，聽來稀鬆平常但卻貼切，他認為孝順不只在於日常生活，若保持這種個性運用在創業上就會懂得飲水思源，賺錢要取之有道，不能忘本。

對於億菘花社的未來走向，小克並無發下豪語，他沒有走向國際、開闢多家分店的宏遠夢想，「億菘花社不需要發光發熱，就讓最美好的事物留在最美好時刻」小克說道，未來他並不會將億菘花社讓給別人經營或傳承，也許會轉型成民宿、住家或花園，但「億菘」這個名字會流傳下來作為最美好的紀念。

空間花藝布置

#B | 億菘花社

商業模式圖 BMC

重要合作

- 花壇全國麗園大飯店
- 員林皇潮鼎宴禮宴會館
- 永靖新高乙鮮婚宴會館
- 社頭禾嘉園餐廳
- 員林極光森林夜景餐廳

關鍵服務

- 婚禮、花藝布置
- 布置、桌花、花禮
- 捧花、永生花
- 不凋花、乾燥花
- 手作教學課程

核心資源

- 插花技術
- 花藝布置設計

價值主張

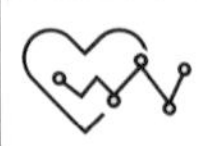

- 億菘花社如同老朋友、老鄰居一般溫暖的存在，給客戶最實際的建議，並透過教學分享技能讓大家學習花禮設計。

顧客關係

- 共同創造

渠道通路

- facebook

客戶群體

- 準新人
- 想學習花藝的人
- 需要花禮跟花藝布置的人

成本結構

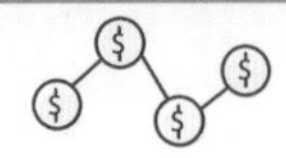

花材、包裝材料、人事成本、交通成本、進修課程

收益來源

產品售出收益、會場布置設計費用、課程費用

#C 創業筆記 TIP

- 創業的路上要懂得飲水思源，賺錢要取之有道，不能忘本。
- 即使擁有再大的夢想跟技能，沒有足夠的現金流做後援也無法發揮長才。
-
-
-
-
-
-
-
-
-

#D 影音專訪 LIVE

熊愛呷冰

還差得遠呢！驚喜不斷的冰鋪

張維廷，熊愛呷冰負責人。自告奮勇擔任伙食兵的張維廷每天待在悶熱的廚房烹飪，休假到處嘗鮮冰品成了他的新興趣，也藉此萌生創業冰店的念頭，役畢後他於外工作數年，存到一筆創業基金後，以熊愛呷冰為名，張維廷展開創業路。

1. 戶外活動－ NO.178 美式攤車　2. 熊愛呷冰冰品集
3. 熊愛呷冰店面照　4. 草莓寶石雪綿冰

人生還能做些什麼？

時逢景氣低迷，畢業後的張維廷求職路並不順利，四處碰壁的他回到母校向教授請益，一吐苦水外主要還想求個方向。見到面後，張維廷便無奈地向教授談起近況，表示自己明明條件不差，卻總是頻頻盼不到錄取的回信，一旁的教授自始至終只是靜靜地聽，待張維廷告一段落後，教授緩緩地開口：

「想想人生還有沒有想幹點別的事吧？」

一聽及此，張維廷先是愣了好大一會，幾秒後才回過神來應：「我念會計的，出來不就是進事務所工作嗎？」當時的他並不明白教授話裡的涵義，打從他一進學校便是懷著當會計師的志願，除此之外的事情他想都沒想過。教授似乎對張維廷的回答不甚意外，笑笑地答：「別那麼死腦筋啦！」接著丟給張維廷一個小小的錦囊，上面只有簡單六個字——不要怕不要悔——，張維廷盯著手上指頭大的錦囊，他的心裡似乎有什麼開始改變了。

如果能來一支冰棒就太棒了！

求職未果的張維廷決定先去當兵，也不知道是哪根筋不對勁，或許是教授的建言終於發酵，他自告奮勇擔任伙房兵，每天處在高溫下的廚房備料、炒菜，炎夏的高溫宛如惡魔般緊緊附在人們身上，即便全身打著赤膊也驅散不了一丁點熱，張維廷也不例外，斗大的汗珠自他額上不斷滴下，他邊削著水果邊想著：

「如果能來一支冰棒就太棒了！」

這便是張維廷萌生創業念頭的那個瞬間，伙食兵的經歷讓他養成了吃冰的新嗜好，放假期間到訪各地嘗鮮冰品不知不覺已成為張維廷的例行公事，也許是吃出心得，也許是年輕人無畏的自信，張維廷在退伍前夕打定了心要開一間屬於自己的冰店。

張維廷花了三年的時間儲蓄創業基金，下班後的時間便到冰店打工，縱使每天累到倒床就睡著，他對此仍是甘之如飴，縱然父母、朋友勸退他的聲音從沒少過，但張維廷始終銘記教授留給自己的六字箴言：不要悔、不要怕；他的確不知道自

1. 台灣百大伴手禮
2. 2019 南投十大伴手禮
3. 熊熊 &KID 品嘗冰品
4. YouTuber 技安 & 阿嬤品嘗冰品
5. 經典綜合冰棒禮盒
6. 綜合水果冰棒

己的選擇會迎來什麼樣的結局，但他寧可失敗，也不要遺憾。三年後，張維庭遵守自己的承諾，以「熊愛呷冰」為名正式開店。

連續創意拳，直擊消費核心

熊愛呷冰主要販售商品為雪花冰與手工冰棒，兩者皆與市面上一般產品相較下皆相當有特色。張維廷知道自己是個徹頭徹尾的門外漢，若要純靠技術取勝贏面並不大，因此他將產品融入許多創意元素，藉此與市場環境區隔開來。

特別是冰棒，與傳統冰棒不同，熊愛呷冰使用南投當地新鮮水果作為貼花，色彩繽紛的切面躍然於冰品上，豐富的視覺感只消一眼便讓人移不開目光，果不其然，產品一推出便博得消費者熱議，往後也成了熊愛呷冰的主力商品，除了吸睛的外表，張維廷同時致力開發新口味，力保消費者新鮮感。張維廷透露除了水果主題，目前正在極力開發結合當下時事、流行素材的新商品，請各位消費者敬請期待。

另外，時下食安議題炒得沸沸揚揚，除了創業者也是消費者的張維廷瞭解公眾的擔憂，因此他堅持提供全天然、無添加物的冰品，比起直接跟工廠叫貨，張維廷選擇自己從源頭做起。張維廷表示店內使用的所有原料皆是新鮮水果製成，產品沒有任何化學添加劑或是香精，即便成本高昂，張維廷認為事關顧客的健康不能省。

熬過嚴冬的花

張維廷未來計畫擴充產能設備來拉高日產能，由於目前光是處理訂單就已經快接應不暇，若是維持現況很難順利拓展全台通路，張維廷表示自己的夢想並不只在南投，而是更寬廣的遠方；他並不是要成為業界龍頭，他想成為的是一間有代表性、有特色的店舖，讓人們一想到冰店便會想到熊愛呷冰。

熊愛呷冰目前已是南投地區頗有名氣的創意冰品店，於 2019 年獲得南投十大伴手禮以及台灣百大伴手禮，看似平順的這一切來得並不容易，零資源、零資助的張維廷並沒有可供借鏡的對象，創業路上他不斷地碰壁、跌倒才慢慢摸索出自己要走的路，舉例來說，店內主打的「創意」商品皆是張維廷嘔心瀝血的成果，然而並不是所有的創意都會被買單，好幾個絞盡腦汁研發出來的冰品卻遲遲不見顧客回購，張維廷對此難免有些失落，但他選擇轉念而為——與其去想「為什麼」不如專注在「繼續努力」上——對於創業路上遇到的每道難題，張維廷皆是以這般強大的心智直面困難，手帕大的錦囊裡寫的「不要悔，不要怕」早已刻進了他的靈魂，成為張維廷人生新的行事準則，未來他也會帶著這股無畏的韌性帶著熊愛呷冰一同成長，直至自己的夢想成真的那一天到來為止。

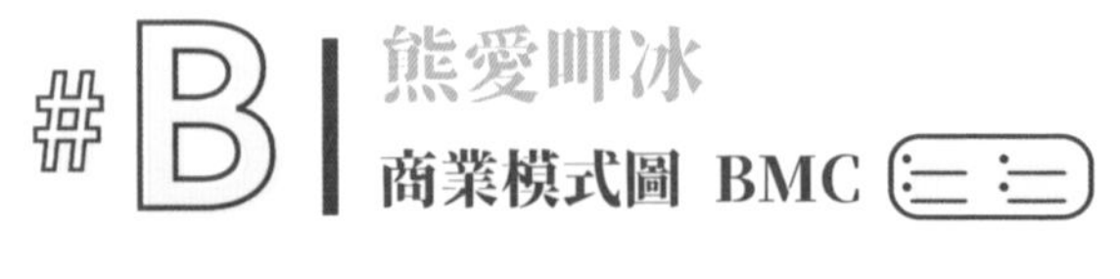

熊愛即冰
商業模式圖 BMC

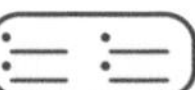

重要合作

- 南投果農
- 物流商
- 地方農會

關鍵服務

- 手工冰棒
- 雪花冰

核心資源

- 冰店打工背景創造力
- 無畏之心

價值主張

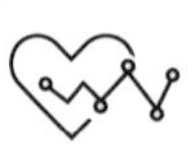

- 堅持製程全天然、無添加物，研發帶給消費者驚喜的創意冰品。

顧客關係

- 客戶自找上門

渠道通路

- 實體通路
- 社群平台
- 電子商家

客戶群體

- 學生
- 幼童
- 網紅
- Youtuber
- 小家庭

成本結構

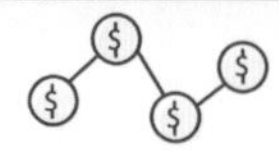

營運成本、食材進口、水電開銷、人事支出

收益來源

- 冰品販售

#C 創業 TIP 筆記

- 創意不是從無到有，而是從有的事物找出新的突破點。
- 瞭解自己的優勢，不需要盲從主流。

-
-
-
-
-
-
-
-
-

#D 影音專訪 LIVE

熊愛呷冰

型男糕點

飽含心意的芋泥，你不容錯過！

石家誠，型男糕點老闆。一頭俐落短髮的石家誠說起話來誠懇不失穩重，前身業務的他將甜點視為興趣，隨著回購率攀升及週遭親友的熱情支持，他決心開創甜點工作室，主打天然芋泥，成功抓住許多饕客的胃。

1. 日常辛勤工作中
2. 商品 - 巧克力熔岩蛋糕
3. 商品 - 巧克力熔岩蛋糕
4. 聖誕禮盒

我想要不一樣

創業前的石家誠做為業務常有送禮的需求，但他發現外面賣的禮盒總是大同小異，為了不跟別人一樣，也為了打動顧客的心，他開始親手做甜點作為禮品送給顧客。石家誠的業務客層大多為女性，對甜點的敏感度相對男性高，自從開始分發甜點後，每天他都會從顧客口中得到許多反饋，石家誠便這樣邊吸收回饋邊改進成品，自己於過程中也發現做甜點其實很有趣，每天下班後的他總是直奔回家埋首廚房製作甜點，不知不覺間，石家誠的甜品在生活圈中建立起優質好口碑，雖然一開始並沒有想要創業，但隨著顧客建議他的呼聲越來越高，石家誠開始轉念心想：「有何不可呢？」靠著這股衝勁，石家誠以型男糕點之名正式創業。

堅持背後的代價

型男糕點一開始其實也有販賣其他甜食，但石家誠發現近乎九成五的客人皆是奔著芋泥醬訂購，見此他調整行銷方向，火力全部砸向芋泥醬。型男糕點的芋泥醬選用台中出產的芋頭，口感濃郁綿密，且毫無添加香料、防腐劑，食用方法亦十分多元，石家誠建議顧客可以豪邁地直接挖來入口，或是抹在吐司、麵包上，甚至泡牛奶喝。

為了讓客人能夠吃到「熱騰騰、剛出爐」的甜點，石家誠於創業初期堅持當天製作、當天寄送，然而隨著訂單增加，石家誠發現自己並無法負荷這樣的做法，即使每天凌晨便爬起床開始趕製訂單，但內餡、外皮、冷卻、包裝等的過程皆耗費長時間，好幾次都是壓哨狀態才勉強趕上物流公司最後寄送時段，對此石家誠可說是苦惱不已，但他認為這是自己訂下的鐵條，再怎麼辛苦、艱難也要咬著牙挺下去。

石家誠分享尚未與物流公司配合前，所有的甜品皆是他親自運送，他永遠不會忘記那段為期不短的時日，石家誠補充最印象深刻的是：有一天工作室總計接到 13 個訂單，石家誠從早忙到晚，連飯都來不及扒上一口，好不容易把所有甜品趕

1. 老闆認真製作甜點中
2. 型男糕點行銷人員 Jason
3. 限量商品芋泥大泡芙
4. 撒上檸檬皮增添酸香
5. 主力商品芋泥醬
6. 甜點教學課程

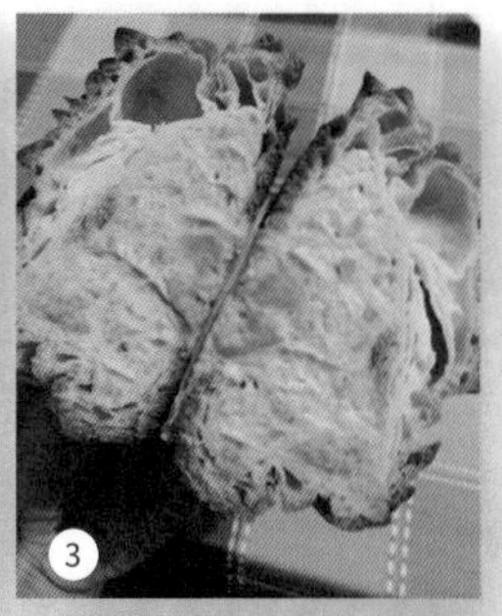

製出來，他匆匆地踏上機車開始外送之旅，外頭滂沱大雨將他淋得濕透，看著下不完的雨、送不完的貨，石家誠第一次捫心自問：「為什麼我要讓自己這麼累？」

觀察到現況的同仁 Jason 開口向石家誠提議與私人貨運配合出貨，並視情況調整當日出貨量，減少排程壓力，也能將空下來的時間做更好的運用，所謂當局者迷，旁觀者清，Jason 一席簡單的話將石家誠從混亂的忙碌中拯救出來，他意識到：「原來一件事有很多做法，而時間也是重要成本。」就此，石家誠與 Jason 共同討論出最適合型男糕點的營運模式，慢慢地步上軌道。

顧客是我最大的後盾

型男糕點主要外銷香港，即便疫情來襲也絲毫未退香港民眾對芋泥醬的盛情，銷售率反倒攀升，原因是來自顧客相當信賴型男糕點與老闆石家誠那份堅持天然的心。對於顧客全然的信任石家誠抱持著感激，一路走來正是有這些正面的聲音，他才能挺而不拔地在創業路上堅毅前進。

除了芋泥醬外，型男糕點近期推出新產品：大禮石禮盒。禮盒集小而巧的多樣精緻甜品為一身，在視覺主流的社會趨勢下，這般美味、美觀的產品很快地便抓住消費者的眼球，也意外地為型男糕點打開不同的受眾市場，一開始香港為主的客層分佈，現今多上許多在地消費者，舉凡業務、公司行號、商業人士、小家庭全都網羅其中。

雖然以工作室營運的模式相當成功，石家誠仍表示未來會開張實體店面，他清楚地知道一但開店便不得中途喊停，也知道這是一個填不滿的錢坑，但石家誠仍想踏出這步，他想為客戶打造出一個「有記憶的老地方」，像是每個人家裡轉角的那間早餐店、又或者學校對面的小麵攤，當顧客前來，除了品嚐熟悉的味道，更是為回味當時在這個時空下所產出的回憶。——情感綿密交織的場域——石家誠希望型男糕點能成為這樣的存在。

不再受限於誰，活出自我

創業前的石家誠在企業體系下總覺得綁手綁腳，沒辦法隨心所欲地控制自己的時間與人生，現在的生活縱然忙碌，他卻覺得很快樂，除了甜點師的身分，他同時也是駐唱歌手、演員，石家誠電子平台的自介是這樣的：

「一個科技業上班族，平日兼差 3 份工作之餘，還是希望將自己手做糕點，分享給每一位顧客，就只是抱持這個簡單的想法而前進著。」

簡單幾個字揭露出石家誠滿滿的真心，型男糕點並不是僅僅為了賺錢、出名而開始的事業，一開始的石家誠只是想給客戶「一些不一樣」，單純的善意推動改變的齒輪，石家誠的人生輪軸從僱員的身分轉向至創業家，即使過程有些不適應、痛苦，他的淚水與汗水終是稀釋了摩擦，現在的石家誠正朝著夢想縱馬疾馳。

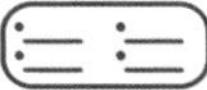

重要合作

- 國外代購
- 物流公司

關鍵服務

- 芋泥醬販售
- 禮盒販售

核心資源

- 創意行銷
- 天然原料

價值主張

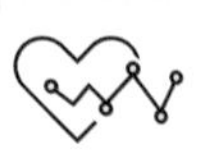

- 提供顧客自然、美味、新鮮的產品。

顧客關係

- 客戶自找上門
- 轉介紹

渠道通路

- 實體據點
- 社群平台
- 電子商家

客戶群體

- 香港族群
- 甜食控
- 小家庭
- 銀髮族
- 幼童
- 團購狂熱份子

成本結構

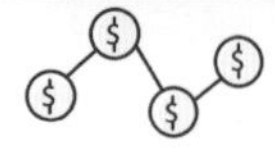

原料進口、物流費用、人事開銷、營運成本

收益來源

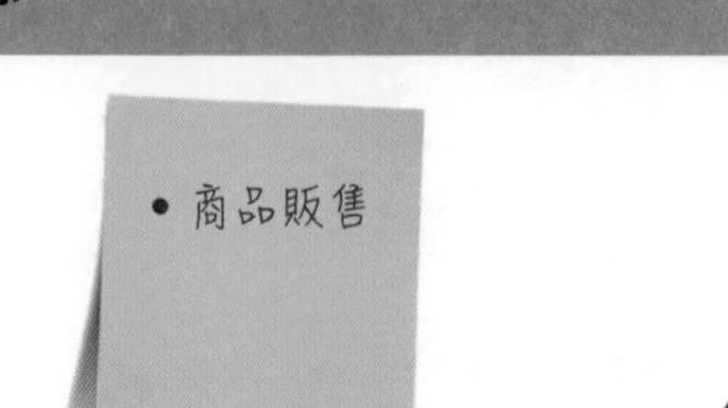

#C 創業筆記 TIP

- 確立產品獨特性，瞄準受眾。
- 適時轉換心態，多方聆聽。
-
-
-
-
-
-
-
-
-

#D 影音專訪 LIVE

晴客茶研工作室

進擊的客家文化，「擂」瘋了嗎？

房均宇，晴客茶研工作室創辦人。茶飲經驗豐富的房均宇長年於國外擔任品牌顧問，因疫情回台的他決定留在本地，並以客家文化為主軸開創自有品牌——晴客茶研——主推擂茶特色飲品，將傳統文化與時下趨勢完美融合。

1.2. 舒適的客座區讓人眼睛一亮
3. 張貼客語的互動牆　4. 創辦人親自設計的店鋪格局

我想要活成什麼樣子

創業前的房均宇長年於國外擔任品牌顧問，2017年他進入某公司負責協商加盟店事宜與研發飲品，種種歷練下將房均宇塑造成飲品產業專家，舉凡研發、測試、營運皆難不倒他。人生可說是一帆風順的他，於新冠肺炎肆虐期間，因擔心疫情擴散房均宇選擇推掉國外案件，回台後的他開始思索自己的人生規劃，沒有太多猶疑，決定留在出生的這片土地——台灣——，決定留台的他遇上第二個分岔路口：

「我是要安逸度日還是要挑戰人生？」

以房均宇的能力接案糊口並非難事，然而，人生就這麼一次，自己真的要這樣得過且過嗎？房均宇的答案是：不！他決定成立自有品牌，以擅長的茶飲行業出發，打出屬於自己的一片天。

客家文化背景出身的他發現自己出生的小鎮東勢雖然為客家村莊，卻絲毫見不到傳統擂茶的蹤跡，其他客家城市如新竹北埔、苗栗南庄、高雄鳳山等，不論哪個客家庄都少不了擂茶文化；對於東勢無擂茶的現況房均宇感到十分訝異，但他同時也在其中窺見商機，他心想既然自己擁有飲品專才，不如將其運用在擂茶身上，一方面發揚客家文化，一方面也能一圓自己的創業夢，便這樣，以「晴客茶研」為名，房均宇開始他的創業人生。

淹到嗓子眼的壓力

確立創業方向後，如火如荼地展開行動，從設計 logo、尋找店鋪、聯絡工班、研發產品、實地測試等，種種瑣碎的大小事房均宇皆一手包辦。然而計畫總是趕不上變化，預定開工的前兩天，配合的裝修公司臨時告知工班無法配合作業，得延宕一個半月左右才有辦法完工，一聽及此，臉都綠了。他心想，店面已經承租下來，租金、管線費用已經都付了，倘若真的延期一個半月，不就等於在這期間內要空轉燒錢嗎？都還沒賺錢自己負擔得這份損失嗎？排山倒海般的壓力朝他襲來，第一次覺得喘不過氣，但他知道窮緊張並不能解決問題，甩頭拋下焦慮，他趕緊連絡在地的

1. 以 LOGO 為背景的用餐角落
2. 飲品 - 晴客飲品合集　3. 飲品 - 客家擂茶
4. 開幕當天白日人潮　5. 開幕當天晚間人潮

木工、裝修廠商請求他們協助，所幸最後順利找到能夠配合的團隊，驚險地渡過第一波危機。

除了店鋪開張，飲品研發也是重大工程，由於飲品相當看重水質，因此即便在廠商那頭試飲的茶葉再怎麼出眾，仍是得在店鋪本體沖泡過才能得知真實成果，籌備期間房均宇沒有一天睡得好，每天醒來便是直奔店鋪監工，同時還要跟原物料廠商叫貨、整理環境、進行產品測試，成日奔波的他沒有喊過一句累，在自己的夢想與理念上，房均宇不允許半點卻步。終於，日以繼夜的努力有了回報，2020年9月2日，晴客茶飲正式開張。

當擂茶遇上芝士……？

不同一般店家，晴客茶研不只是「附有」擂茶的品項，而是「主打」，對房均宇來說，晴客茶研的主軸是客家文化，因此擂茶是品牌主角，而非襯托的綠葉；傳統擂茶是由熱水沖泡堅果研磨而成的細粉製作而成，口感多帶鹹，大眾接受度較低，飲品專家的房均宇將其大幅改良，先是以清香的四季代替熱水，並加入鮮奶、芋圓等佐料豐富其口感，其中最熱賣的飲品名為「芝士擂茶」，充滿穀物香的擂茶搭配上特製芝士粉，甜鹹交織的滋味直叫人欲罷不能，透過加入現代新元素，成功將小眾文化搬上大檯面。

那些沒說出口的故事

房均宇分享，看似簡單的「晴客」二字其實蘊含深意：

(一)、取諧音「請客」：於客家文化中，擂茶是專門拿來招待貴客的飲品，象徵著晴客以客為尊的理念

(二)、「客」字則代表著：客家文化，充分體現房均宇意欲榮耀客家文化的遠景。

(三)、「晴客」=「勤勞的客家人」：眾所皆知，客家人是以勤勞聞名的族群，房均宇以晴字替代「勤」，減少筆畫，以音譯方式一筆點出文化特色。

乘載夢想的鶴群

房均宇表示他的目標不只在台灣，深諳國外飲品產業的他非常看好茶飲界未來的發展，但他知道憑藉一己之力並無法完成所有事情，唯有依靠團隊的力量才得以實現藍圖。因此晴客茶研目前正在積極拓展分店，陸陸續續與有意願的加盟業主進行洽談，房均宇期盼未來能有更多夥伴加入，大家一起攜手將晴客茶研推向國際，成為下一個台灣之光。

房均宇的創業路並不平順，沿路佈滿形狀各異的砂礫，但赤足的他仍勇敢地邁出步伐前進，縱然尖銳的稜角劃破皮膚，鮮血染紅泥地，他還是選擇忍下椎心般的痛楚，一步、一步緩慢、紮實地向前邁進。所有的逆境都無法澆熄他內心那顆炙熱的心、那份發燙的願景，以晴客茶研為載體，房均宇將繼續無畏前行。

坐落靜謐鄉間的店舖

#B | 晴客茶研工作室
商業模式圖 BMC

重要合作

- 在地果農
- 原物料公司

關鍵服務

- 飲品販售

核心資源

- 客家出身
- 茶飲背景
- 獨家研發配方

價值主張

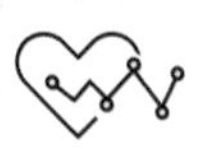

- 以擂茶為產品主軸，結合流行茶飲，渲染客家文化。

顧客關係

- 客戶自找上門

渠道通路

- 實體據點
- 社群平台

客戶群體

- 網美
- 部落客
- 美食博主
- 學生族群
- 在地居民

成本結構

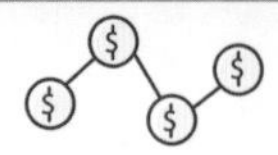

營運成本、人事支出、研發費用、進貨叫貨

收益來源

#C 創業筆記 TIP

- 產品結合文化底蘊，創造市場不可取代性。
- 於研發、市場喜好間取衡，找出最大營利點。
-
-
-
-
-
-
-
-
-

#D 影音專訪 LIVE

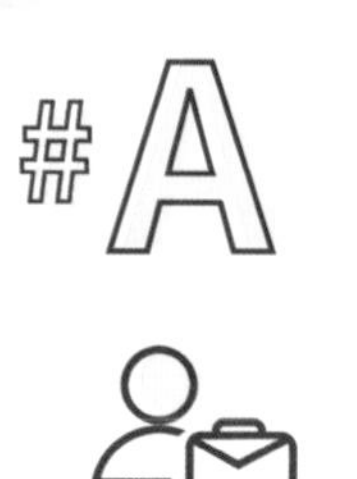

豪記企業有限公司

誰說批發不能兼零售？傳統產業大翻身！

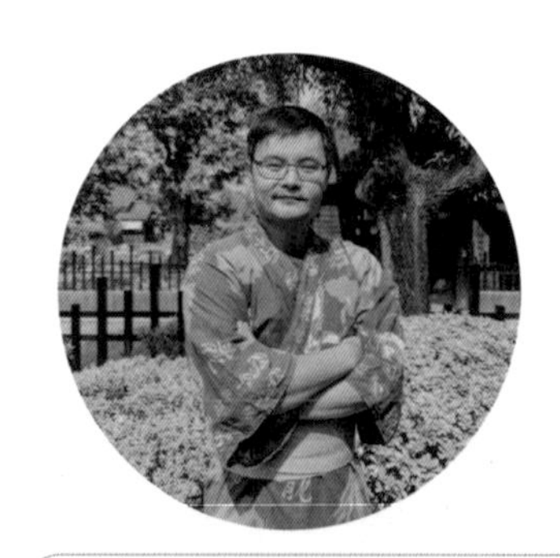

吳箴言，豪記企業老闆。年紀輕輕的吳箴言大學畢業便繼承家業，眼看每況愈下的銷售額，吳箴言決定積極轉型，將傳統的批發產業一分為三，增設門市服務，及網路電商平台，此舉成功跟上主流消費趨勢，創造出前所未有的經濟奇蹟。

1. 不鏽鋼鍋具及茶壺　2. 日式浪波系列
3. 日本各式碗盤　4. 日本瓷器花車

不妨試試看吧？

吳箴言出身在虔誠的基督教家庭，箴言二字便是取於聖經經卷命名，自幼便在教會長大的吳箴言每個禮拜都會前往教堂進行禮拜，也透過這個場域的活動，如上台分享心得、與其他小朋友共讀等，吳箴言養成一身好口條，那時候的他還不知道這份才能將會為他帶來多大的幫助。

轉眼間，吳箴言大學已經畢業，環境工程系所畢業的他相當具有競爭力，本想在外一番闖蕩的計畫，在長輩一句不經意的提問被硬生生打斷：

「啊你有沒有要回來接公司？」

一聽及此，吳箴言才認真思考起繼承家業這檔事，說實在的，他對家裡賣的鍋碗瓢盆、餐具並沒有多大的興趣，但想起頭髮日漸斑白的父母，想起他們耗費一生心血的公司，如果就這樣放棄，是不是有點可惜？沒有太多猶豫，吳箴言抱著不妨一試的心態接下公司。

爸爸嘴裡的夕陽產業

吳箴言這一做便是十幾年，他深刻地體悟到接手家業是一件多麼不容易的事。一路走來常聽別人笑語：「唉呀，箴言你很好命耶，都不用去外面跟人競爭！」對於這種評論，吳箴言可以說是啞巴吃黃蓮——有苦說不出——，當了老闆的他從早忙到晚，下貨櫃、跑業務、送貨樣樣來，凡是皆求親力親為，不過外人哪看得到這些苦楚，若還抱怨辛苦的話，在他人眼裡反倒是得了便宜還賣乖，為此吳箴言選擇默默耕耘、埋頭實幹。

向來全力以赴的他，對於繼承家業更是絲毫不馬虎，但他卻於財務報表中發現公司營運狀況逐年走下坡，對於銷售額下滑的現況吳箴言並不理解，他認為公司的產品與自父親手中沿襲下來的經營模式皆具有極大優勢，為此他苦惱了好一陣子；五年前的某天，吳箴言父親前來公司辦公室，有一搭沒一搭的閒聊中，吳箴言父親突然脫口而出：

「箴言啊，我們這行已經是夕陽產業了。」

吳箴言當下並沒有選擇回應，但他的心裡燃起熊熊鬥志，他認為沒有夕陽的產業，只有夕陽的心態，另外一方面父親的想法其實其來有自，畢竟父親經歷過台灣輝煌的經濟奇蹟時期，與當時相較下，現行的產業狀況的確黯然失色。吳箴言當

1. 各式餐具
2. 有田燒精品
3. 白色瓷器及玻璃器具
4. 珐瑯鍋具
5. 經典富士山盤

時陷入一股沉思，他瘋狂的思考著——該如何打破現況？

他試想現今網路購物已成為消費主流，實體通路貨量已減少許多，身為傳統批發商自然會受到影響，即使維持現況也餓不死吳箴言，但他追求的是成就！

顛覆傳統，與顧客做第一線接觸

吳箴言興起一個大膽的想法，他決定設立門市，改變以往只對中小盤商的經營結構，增加與散客的實體接觸。為此他關閉兩間倉庫，將所有貨底移至本倉，同時花錢裝潢、設計動線、營造氛圍，並高薪聘請門市界的箇中好手前來協助經營，為的就是將扭轉傳統批發業「只賣大宗」的形象；此計一出，身邊的所有人皆是一片罵聲與質疑，他們並不明白吳箴言為什麼要砸錢搞一堆花樣，不老老實實地按部就班，然而開幕期間的營業額高得出乎人預料，甚至創造出一天營業額便超過之前一個月的盛況，驚人的成果馬上讓旁人瞠目結舌，不敢再多吭聲。

新穎的經營模式成功擄獲消費者的芳心，不論是低廉的價格、百貨般舒適的環境、親切的服務人員皆拳拳到肉，切切實實地打在顧客痛點上。

除了實體據點，吳箴言也利用網路平台直播的方式推廣、販售商品，自小培養起的流利口才在直播上為他帶來人氣，短短期間內便顯著地提高營業額，對吳箴言來說直播並不是主要的銷售通路，而是行銷管道，能不能靠著直播賺錢對他來並非主要目的，因此直播期間吳箴言經常隨機舉辦小活動，如限時特殺、拍賣數量達指定條件便捐贈商品至社福機構等，雙邊互動的模式與公益參與很快又為公司流量帶來新一波高潮，豪記企業在吳箴言的帶領下青雲直上，成功翻轉傳統產業固有型態。

驚喜與驚嚇交織的奇幻之旅

與其說吳箴言是創業，不如說是創造——屬於自己的路——，轉型路上每一天都有新的挑戰與意想不到的狀況，這趟不被理解的旅程，吳箴言帶領著他的經營團隊，一路披荊斬棘，因為他深刻明白，就算獨自再堅強，也不要獨自飛翔，他繼承著父母留下的家業、員工的生活家計、自己的家庭等重擔舉步維艱地邁進，他不清楚旅途的目的地會是哪裡，但他記得旅程的起點，也沒忘過踏上路那天的心情，未來吳箴言仍會勇往直前，全面接收迎面而來的一切！

門市主視覺

#B 豪記企業有限公司

商業模式圖 BMC 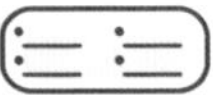

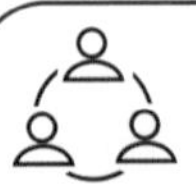

重要合作

- 物流公司
- 網紅
- YouTuber

關鍵服務

- 碗盤餐具販售
- 批發進口

核心資源

- 專業廠房
- 大型倉庫
- 管理專才

價值主張

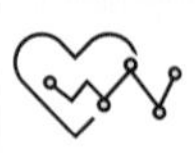

- 提供美麗、耐用的器皿，讓顧客擁有高質感生活。

顧客關係

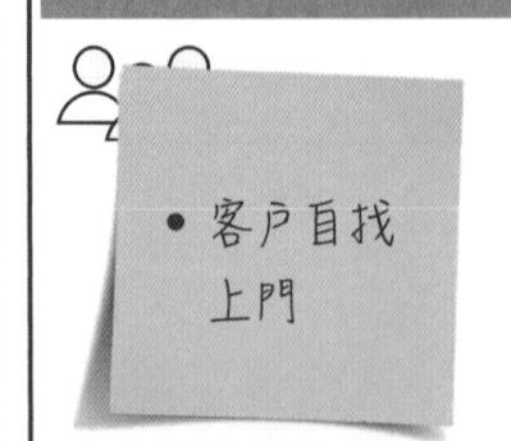

渠道通路

- 實體據點
- 社群平台

客戶群體

- 家庭主婦
- 有下廚習慣者
- 小家庭

成本結構

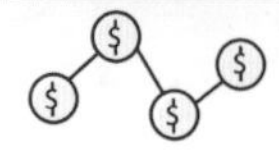

倉庫租借費用、營運成本、人事開銷、教育訓練、進口材料支出

收益來源

商品販售、直播

#C 創業筆記 TIP

- 創業不論結果好壞，都要做好承擔的覺悟。
- 尋找市場區隔化切點，瞄準時機奮力一擊。

-
-
-
-
-
-
-
-
-

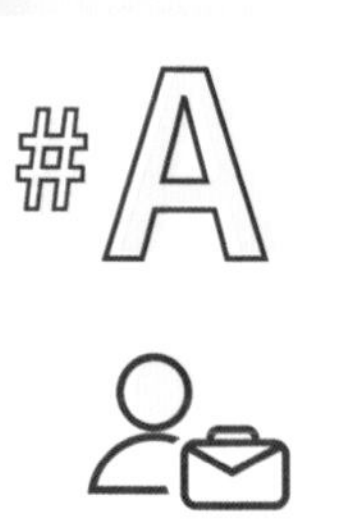

嘻糧田有限公司

新鮮、簡單、沒負擔；回歸天然本色！

徐聖為 (Odon)，嘻糧田創辦人。創業前的 Odon 是名平凡的上班族，喜歡品嚐美食的他，總覺得能做些什麼有意義的事蹟，藉著祖傳三代的好口碑將其發揚光大，力求提供消費者健康無疑慮的台灣豬肉安心食品。

1. 商品生鮮二層肉 2. 商品生鮮肝連
3. 商品生鮮豬小腸 4. 商品水餃 & 手工香腸

漫漫人生中，我能為所愛之人留下些什麼？

全球經濟跌宕不前，各行各業皆景氣黯淡，無薪假、裁員、減薪成了每個上班族共同的噩夢，Odon 亦是其一，他自認平庸無奇，總是擔心著下一個失業的人會不會就是自己，家裡還有心愛的女兒與老婆，若真的面臨這樣的處境，該怎麼辦才好？即使好運躲過失業潮，老了之後又能留下什麼給家人呢？接踵而來的自我反思使得 Odon 心中萌生了創業之路。

Odon 的想法很簡單，他想做一個能夠專精、永續且不易被取代的行業，思索一番的他最後在根源中找到答案；他回想起阿公阿嬤於他年幼時，在家鄉大廟前自家樓下販賣台灣豬肉，那時民風仍尚純樸，科技也不像現今發達，選豬、殺豬、賣豬的流程皆是攤商自包，Odon 從小便是吃著阿公阿嬤販售的豬肉長大，更準確地說，Odon「只吃」自家販賣的豬肉，別家肉品除了吃得不習慣、不安心外，亦缺少一份阿公阿嬤獨家調製的家傳口味，Odon 一思及此，腦海瞬間點亮，他心想：「不如就來延續傳承家族的經驗與口碑吧！」販售台灣豬肉不但是家族專業，內含的經驗技術，成分條件講究，一般人士難以入行，把家族專業轉化成自身職業的特點，完美契合 Odon 理想，以「嘻糧田」作為品牌名稱，開啟 Odon 創業之旅。

「你是誰？」乏人問津的窘境

Odon 創業遇到的第一道難題是資金與品牌知名度，即使在當地頗享盛譽，但要跨出區域建立一個新品牌絕非易事；縱然 Odon 積極地尋找適合的店鋪洽談，換來的卻是徹頭徹尾的質疑，檢驗報告沒有人要看、試吃品沒有人要吃，面對撲天蓋地而來的拒之門外，公眾對於新創品牌的不信任遠遠超乎想像，投注的心血沒有得到相對應的回報，Odon 不免有些沮喪，但人說經商利為先，他並不埋怨拒絕合作的店家，當下 Odon 意識到品牌的生存危機，決定調整推廣方向。

既然店家進不去，Odon 將方向投向市集、社區與百貨展售，那段期間不論颱風還是下雨，任由一些突發狀況找碴，他都是充份準備，總不怯場，再推廣期間他直接面對群眾，講解理念供應試吃產品，現場販售即食香腸、鹹豬肉，此舉一出好評聲浪回饋，消費者透過第一線品嚐商品認同，

1. 商品手工香腸　2. 展售活動 -Odon
3. 商品年節禮盒　4. 企業品牌形象插畫

感受到嘻糧田的魅力所在，漸漸地建立起聲量，客人一個接著一個來，知名度與銷售量皆有明顯提升，看著這些數據，Odon 心中滿是感激，好的堅持總算獲得肯定，這是創業路上他第一次嚐到暖心的滋味，這也讓他更有信心和嘻糧田 SealFoodLand 一起向前邁進。

健康難買也難賣，原則不容妥協

台灣本土有登記立案的豬肉廠商高達一萬多家，於龍爭虎鬥的市場中，嘻糧田秉持著「新鮮、天然、沒負擔」做為市場定位，區隔出市場客群，企業主張使用台灣新鮮食材，用心嚴選在地好豬把關每道程序，提供消費者安心食用的優質商品除此之外，嘻糧田亦提供處理生鮮食材的服務，溫體鮮凍真空包裝，替消費者省去料理困擾，廚房再也不是血肉淋漓的競技場，而是能夠優雅穿梭其間的美味舞台。

簡單的「健康」二字背後是數不清的付出與堅持，台中清晨趕赴肉品市場，親自挑選適合的台灣好豬，經由電宰處理後，再嚴選出優質部位，分門別類；另外，隨著食安意識抬頭，消費者對食品的要求也提高標竿，照理說嘻糧田不添加防腐劑、人造添加物、百分百真材實料的商品應能打中痛點，促進消費慾望，然而當「健康」隱含的成本轉嫁到消費者身上時，他們並不太願意買單，對此，Odon 有些許無奈，他知道壓低價格的方法有很多，只要割捨質量便能換取數量，然而這並不符合他創辦嘻糧田的企業理念，因此他寧可賣不掉，也不願提供消費者次級商品，Odon 的堅持換來了顧客的依賴與信任——「我只吃你們家的東西！」——是嘻糧田老顧客們的口頭禪。

Odon 分享近來有一名客戶下了不小的一筆單，但要求必須隔日寄送，當下 Odon 便回拒了她，表示以這個貨量隔日要到貨並不可行，他謝謝客戶對自家商品的認可，但也清楚闡釋嘻糧田恪守的原則：所有的商品必須通過企業流程且如符合設立標準，如果不能做到這點，那他便不會接下這筆生意。雖然心中不免覺得惋惜，但 Odon 對於這樣的選擇沒有一絲猶疑，他始終記得自己堅守的價值。

心懷愛、希望、勇氣——嘻糧田 SealFoodLand

創業前 Odon 的有些朋友總是相勸，嚷嚷著肉品產業競爭，沒有深厚的背景條件，難以維持，但 Odon 認為凡事沒有絕對、沒有辦法複製，每個人即使做出一樣的選擇，因為主事者不同，結果絕對不同，Odon 相信自己、相信家族傳承給他的經驗、口碑，因此他才能總是毫無畏懼地大步向前，創業求新求變，不進則退，所以即使遇到重重困難，好幾次面臨危機，仍總能適時調整步伐，繼續堅持正向以對；嘻糧田不只是一個企業，它同時寄托 Odon 對家族精神的重視、對客戶健康的祝福。

#B | 嘻糧田有限公司
商業模式圖 BMC

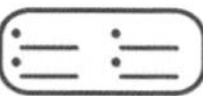

重要合作

- 有機食品店家
- 網購（團購）
- 屠宰場
- 黑貓宅急便

關鍵服務

- 台灣黑毛豬
- 肉品販售

核心資源

- 優質天然
- 新鮮衛生
- 獨家秘方
- 高品質把關

價值主張

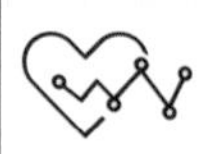

- 提供美味、天然、零負擔食品、安心食材、新鮮肉品，提高健康品質。

顧客關係

- 客戶自找上門
- 重視回饋

渠道通路

- 網購
- 有機商店
- 安心店家

客戶群體

- 樂活族
- 養生族群
- 所有家庭
- 樂愛烹飪
- 享食老饕
- 鮮食原味

成本結構

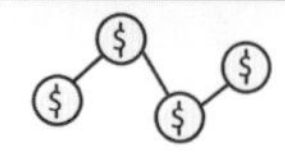

原物料成本、產品檢測、責任保險、運輸、人事開銷、營運支出、硬體設備

收益來源

- 商品收益

#C 創業筆記 TIP

- 停滯不前的人只會被時間拋在後頭。
- 商品具附帶價值，除了美味亦推廣食安概念。
- 把家族專業變成自身職業，把好產品讓更多人發現。
-
-
-
-
-
-
-
-

#D 影音專訪 LIVE

大王千金食品有限公司

包著回憶餡的麻糬，記憶中的家

大王千金

King's Handmade Treasure

SINCE 1990

廖英伶，大王千金食品有限公司經理；廖祥伶，廠長。兩姊妹年紀輕輕便接下家業，即使相當熟悉自家商品——麻糬——，但實際要做出來甚至銷售完全是另一回事，從零開始的她們隨著深入產業，從一開始的抗拒到接受，漸漸地產生企業使命感。

1. 大王千金熱門商品草莓大福
2. 大王千金總店門市照
3. 產品製程照
4. 大王千金招牌米大福

被麻糬養大的小孩

廖英伶與廖祥伶出生在一個溫暖友善的家庭，父親縱然忙碌仍十分關護家中的每個成員，生產麻糬的工廠是姊妹倆幼時最常出沒的地方，對她們來說，父親賣的麻糬除了是食物，更是連繫家人間的紐帶。

時光飛逝，十來年過去，如今兩姊妹已成長為二十出頭的少女，尚於青春盛期的她們一心只想往外跑，然而雙親年事已高，父親白手起家的事業也不願假手他人，廖英伶基於責任最後選擇繼承，並告訴妹妹廖祥伶請她盡情生活，便這樣廖英伶踏入再熟悉不過的工廠，只是這次是以完全陌生的身分——負責人。

毫無實際經驗的她只能從基層做起，舉凡外務、內務、會計皆一手包辦，說不辛苦是騙人的，廖英伶纖細的雙手在奔波下漸漸長出粗繭，她的內心也出過這樣的聲音：

「我到底在幹嘛啊？我根本就不想回來啊！」

但對父親的敬愛勝過放棄的念頭，廖英伶選擇堅持下去；一段時日後，家中老三廖祥伶回歸老家幫忙，兩人一主外、一主內，搭配得天衣無縫，工廠在姊妹兩人的管理下日漸趨穩。

轉型迫在眉梢，尋找對的出口

父親的工廠生廠線多元，外銷、內銷各大通路都見得到其蹤跡，然而，姐妹倆在正式接手後卻發現了一大詬病：通路來回間耗費時間長，對於麻糬口感的呈現會有很大的影響，如果要繼續仰賴傳統渠道，商品口味勢必大打折扣，這並不是兩姊妹記憶中麻糬應該有的味道，為此老三廖祥伶提出轉型的想法，並積極展開行動。

廖祥伶從夜市起家，她認為夜市這般平易近人的場域能夠即時、真實地接收到客戶回饋；廖祥伶以可愛的外型、特殊的口味出擊，客人好潮一片，

1. 大王千金禮盒系列
2. 大王千金招牌米大福
3. 大王千金總店照
4. 廠房人員認真製作產品中
5. 大王千金品牌形象照

卻沒有人真的願意掏出錢買單，叫好不叫座的窘境讓廖祥伶百思不得其解，但東西賣不出去是鐵錚錚的事實，為此她以老家嘉義為中心，南北奔波，試圖獲得更大量的數據來找出解決辦法，忙碌下兩年眨眼晃過，廖祥伶得出一個結論：

「人們喜歡有創意的東西，但消費關鍵在於其不能偏離本質。」

千奇百怪的花樣人們的確會眼前一亮，但一目瞭然的商品更能直接打到消費者的心，以此原則為基礎，攤販生意蒸蒸日上，廖祥伶與姊姊廖英伶見此狀決定打鐵趁熱，參與百貨的快閃活動、入櫃，將企業生產向的路線切換為精緻專櫃向，以「大王千金」四個字出發，正式開創新品牌。

註：大王為老三廖祥伶稱呼父親的稱謂，千金則是因為家中無男丁；兩者合而為一充分體現姊妹倆生長背景與其與家人深厚的連結。

嚴選本地食材，回饋生長土地

大王千金除了米大福（麻糬）以外，另外也有綠豆椪、酥餅等產品項目，這一切都得歸功於父親糕點師的身分，競爭激烈的百貨業，若只倚靠單一產品很能難存活下去，透過父親的甜點發想，大王千金順利打開品牌知名度，另外也因專櫃模式也有別於傳統通路，產品的保鮮、保質皆獲得進一步提升，兩姊妹總算實現宿願──「讓客人吃到真正好吃的麻糬。」

除了經營外，大王千金亦相當注重永續經營，堅持無添加並選擇在地食材，除了減少運輸造成的汙染，也是為實際回饋生長的這片土地。倆姊妹表示想創造的品牌形象是「記憶感」，他們希望當人們想吃麻糬的時候就會想到大王千金，簡單一塊麻糬，揉合著廖英伶與廖祥伶的溫柔、輕語。

時間到了，該做的事情就要做

姊妹倆皆表示創業並不是特定的計畫，而是時光的年輪推著她們前進的路途中，所碰見的一條岔路；他們認為時間永遠是對的，影響結果的是人，做出選擇的人，俗話常說：「當你準備好就開始吧！」兩姊妹對此並不認同，廖英伶與廖祥伶一致認為：沒有誰是真正可以完全準備好再開始的。大家都是被自己的選擇推上路，並在過程中掙扎、痛苦才慢慢找到自己的步調與真正的心之所向。

大王千金成功的背後，是兩姊妹倆無數的犧牲、付出所換來的成果，從無到有的創業路，勢必得妥協、忍耐甚至放棄許多事物，可能是積蓄、時光、人脈甚至是珍視的感情。失去，是創業家們的共同夢魘，也是廖英伶與廖祥伶姊妹的，但內心成功的渴望超越一切，他們做好賠上一切的覺悟，方能打造出姊妹倆心中夢想的麻糬國度。

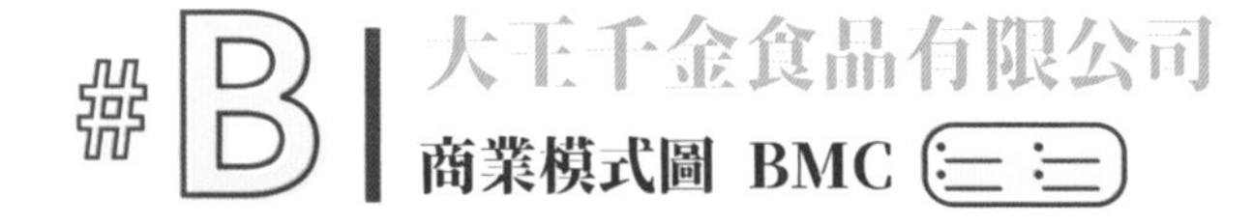

重要合作

- 長圓食品有限公司

關鍵服務

- 麻糬販賣
- 糕點製作
- 月餅訂製

核心資源

- 專屬廠房
- 食品技術
- 糕點專才

價值主張

- 堅持傳統、原味、並使用天然健康的素材，提供健康的美食為人們帶來幸福。

顧客關係

- 客戶自找上門
- 重視回饋

渠道通路

- 實體據點
- 社群平台
- 電子商家

客戶群體

- 家庭主婦
- 小資女
- 學生族群

成本結構

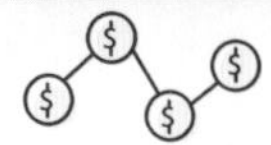

研發費用、食材進口、運輸成本、營運開銷、人事支出

收益來源

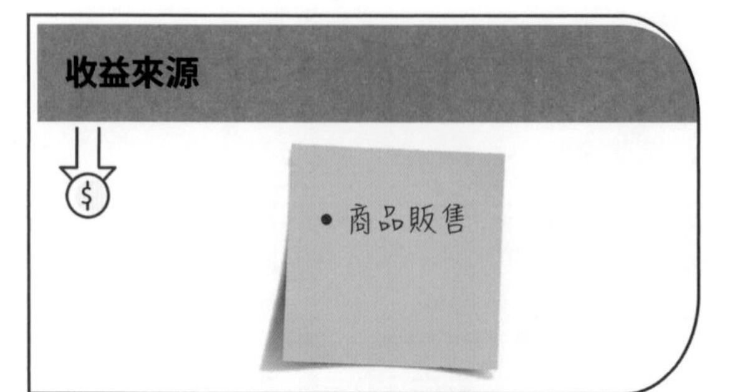

#C 創業筆記 TIP

- 不要想「什麼時候做？」而是「要怎麼做？」
- 堅持、努力不能確保生存，但能爭取時間。
-
-
-
-
-
-
-
-
-

#D 影音專訪 LIVE

DATE:
ES

業，
UNIKORN
UNIKORN
UNIKORN

獨角
我創業，
麗鴻有限公司
LEADHOME
某某米有限公司
Program Planning Company
UNIKORN
UNIKORN

UNIKORN
UNIKORN

Startup Island
TAIWAN
獨角
我創業，
UNIKORN
UNIKORN
UNIKORN
UNIKORN

Startup Island
TAIWAN
我獨
創角
業，
UNIKORN
UNIKORN

TAIWAN
我獨
創角
業，
UNIKORN
UNIKORN
UNIKORN

喜臨門
創角
業，
UNIKORN
UNIKORN
UNIKORN

Startup Island
TAIWAN
我獨
創角

TAIWAN
我獨
創角
業，
UNIKORN
UNIKORN
UNIKORN

Twitter

BMC（範例）

重要合作

- 搜索供應商
- 設備供應商
- 媒體公司
- 行動網路業者

關鍵服務

- 平台發展

核心資源

- 平台
- Twitter.com

價值主張

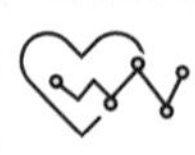

- 隨時隨地與親朋好友分享大小事。
- 分享各領域具深度之議題及內容。
- 快速掌握世界各地資訊。

顧客關係

- 同邊／跨邊網路效應

渠道通路

- 網站
- 手機 APP
- 電腦軟體
- Twitter API
- SMS

客戶群體

- 使用者
- 企業
- 開發商

成本結構

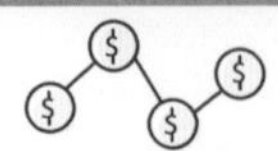

人事成本、數據中心營運成本

收益來源

廣告收益、付費收益

我創業，我獨角（練習）

設計用於 ______　設計人 ______　日期 ______　版本 ______

重要合作

關鍵服務

核心資源

價值主張

顧客關係

渠道通路

客戶群體

成本結構

收益來源

Chapter 5

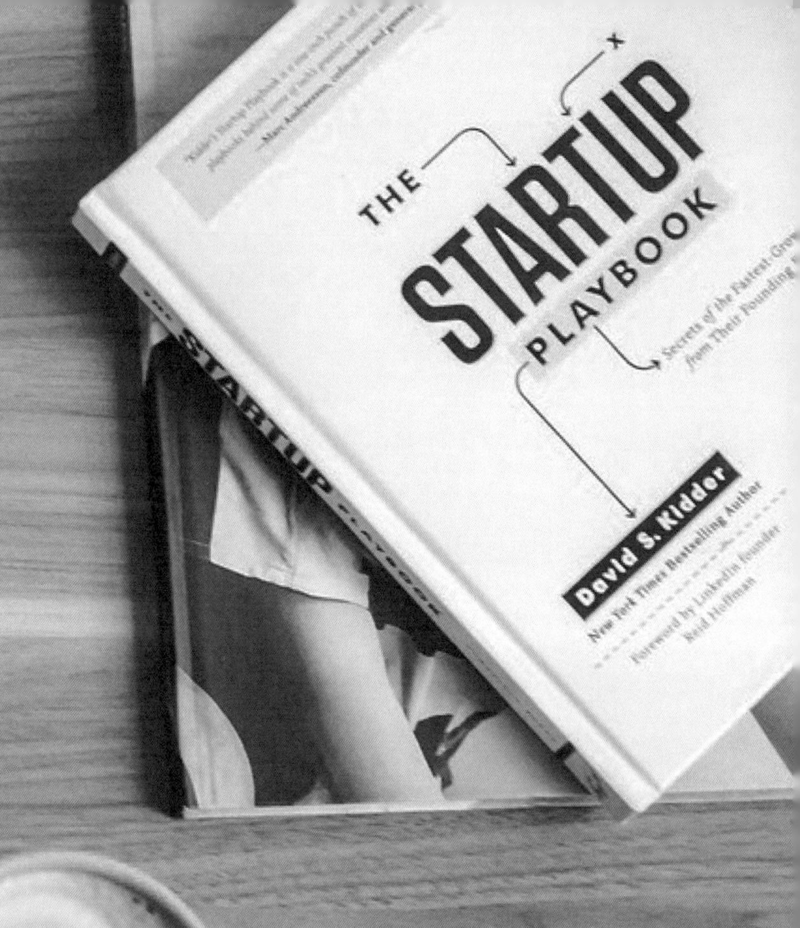

THE
STARTUP
PLAYBOOK
David S. Kidder
New York Times Bestselling Author
Foreword by LinkedIn founder
Reid Hoffman

藍天馬術俱樂部

優雅與躍動並存，最迷人的運動

「跟馬在一起很快樂，所以我騎馬！」
是藍天馬術俱樂部的陳伯全 (Marco) 經理和陳宜琳教練對於馬術最純粹的想法，他們熱愛馬術，騎馬對他們而言不只是工作和比賽，更是一輩子的事情，希望將英國的訓練系統引進台灣，讓馬術這項運動更廣為人知。

1.2. 馬術訓練過程　3. 訓練馬場
4. 馬匹調教師正在與馬互動

意外摔進馬術世界

宜琳的父親任職於學校，喜歡動物的他原本是想帶學校的孩子們到馬場跟馬匹互動，恰巧遇到馬主想賣馬，便邀請宜琳試騎，個頭小小的她還踩不到腳蹬、也不知道要戴安全帽就迷迷糊糊上馬了，沒料到馬突然受到驚嚇開始暴衝，宜琳就這樣落馬、摔到紅土上，還腦震盪住進醫院長達一週，想不到年紀小小的她並沒有因此害怕馬，反而要父親把馬買下來，這匹馬便成為宜琳的第一匹馬，她也因此開始學騎馬、闖進了馬術的世界；原本宜琳找到了亞運國手想拜師學藝，但教練太過忙碌，初學的宜琳又每天都摔馬，父親看在眼裡很心疼、也漸漸不希望她再去馬場，但已經跟馬建立情感的她還是常常去馬場整理馬廄、替馬兒洗澡刷毛，後來父親乾脆自己租塊地把馬帶回自己養，每天都抽空去餵馬、清理馬廄，也因緣際會遇到馬術教練主動提議幫忙照顧馬匹，馬場也開始有了初步的經營模式，也就是現在藍天馬術俱樂部的雛型。

Marco 和宜琳認為馬術的意義不是只在於追求眼前的比賽或成績，也許不會成為騎手或是以馬術為主的工作者，但騎馬可以是終身的活動，馬其實擁有六歲孩子般的智商，雖然不會言語、但牠會思考也有脾氣，每一匹馬的個性不盡相同，騎馬並不是跳上馬背征服牠，不能只想著自己，而是要去思考如何與馬互動，要去拿捏什麼時候可以給牠壓力、什麼時候要給予安撫，周遭的任何事情與噪音都有可能讓牠受到影響，如何防患未然、避免因為馬受到驚嚇而受傷是騎馬時很重要的課題，宜琳說到：「騎馬時要有兩顆腦袋：一顆反省自己、自我檢討，另一顆要為馬著想」，馬術是唯一一項與活體動物一起進行的運動，騎者跟馬就是一個團隊，上了馬就是學習與另一個個體相處。

貴人相助，考取國際執照

剛進入馬術這個運動時宜琳什麼都還不懂，不懂如何買馬、也看不出馬的身體狀況，還因此買到狀況不佳、不健康的馬，為了再更深入學

1. 在藍天綠地裡騎馬
2. 馬術要訣：柔軟、平衡、節奏
3. 藍天馬術俱樂部裡的「黑白馬」
4. 藍天馬術俱樂部的馬匹調教師
5. 參加馬術課程的孩子

習馬術，宜琳原先打算到荷蘭找奧運國手討教，但在荷蘭的花費高，光是買馬就要近百萬元，於是她轉而到英國求學，所幸在英國遇到了一位教練，他不藏私地介紹許多馬術界的朋友給宜琳認識，也帶她參加教練、裁判和獸醫等的講習課程，擔任比賽裁判的時候也會讓宜琳在一旁觀摩，跟她講解如何給分、馬要如何訓練才能動的好看等等的資訊，教練給宜琳很多實際觀摩的機會，給她所有的資訊跟正面能量，可以說是她在馬術這條路上的恩人，宜琳也因而順利考取英國馬術教練的執照，現在的她可以說一口流利的英語，也有資格在世界各地擔任馬術教練。

培養孩子自律，馬術好處多

騎馬可以訓練小朋友自律，在與馬相處的過程中，可以教會他們聽取別人的意見、理解他人的需求，雖然在台灣馬術還不是很普及，但還是有許多家長帶著孩子來藍天馬術，很多孩子也因為有了馬術這項技能因而在國外進修的生活更順利，可以更適應國外的生活模式、打入交友圈，這些孩子的成長也讓 Marco 得到滿滿的成就感；不僅如此，為了避免受傷騎馬時不能彎腰駝背，也因此可以鍛鍊脊椎兩旁的肌肉進而保護脊椎，現在，國外的貴族學校更將馬術列入必修課程，由此可知，馬術並不如想像中的遙不可及，而是一項好處多多的運動。

優雅地與馬兒徜徉在藍天綠地的大自然裡，聽起來浪漫，但實際上馬術是需要用心也用腦的運動，在馬術這條路上 Marco 和宜琳吃了很多苦頭，從最一開始誤打誤撞買下馬、懵懵懂懂把馬當寵物養，到後來租了大空地、建立馬場，到現在專業的馬術訓練場，「成功沒有捷徑」他們說道，想要從事馬術這個產業就必須吃苦耐勞，喜歡動物是必須的，因為馬就像孩子一樣，要能犧牲自己、無時無刻為馬著想，還要能隨時隨地投入、24 小時待命；現在藍天馬術不僅教學、體驗、代養，未來他們希望可以再更換到更大的馬場，讓馬住的更好，學生也能有更好的訓練環境，也期許能引進英國正統的訓練系統，讓國人進一步認識馬術的流程，甚至能在台灣辦馬術比賽及教練認證制度，讓馬術這項優雅又迷人的運動更廣為人知。

藍天馬術俱樂部

商業模式圖 BMC

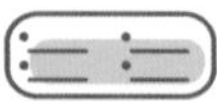

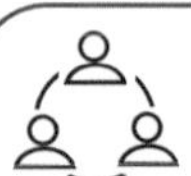

重要合作

- 馬術教練
- 廄務員
- 馬匹調教師
- 馬匹運輸

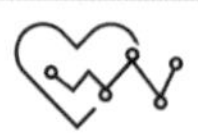

關鍵服務

- 馬術教學
- 代養馬場
- 馬匹生態導覽課程

核心資源

- 馬術教練

價值主張

- 藉由馬術學習與另一個個體相處，學習反思與自律；騎馬不是為了比賽與工作，而是終身的事。

顧客關係

- 個人協助
- 主動消費

渠道通路

- Facebook
- 部落格
- 學校參訪

客戶群體

- 喜歡騎馬
- 想學馬術的人

成本結構

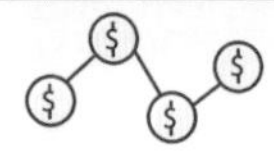

人力成本、馬術設備、馬匹飼料、場地維護

收益來源

- 馬術課程費用

#C 創業筆記 TIP

- 要懂得防患未然，不能等到問題在前頭了才急於去解決。
- 成功沒有捷徑，創業必須要能犧牲自己、吃苦耐勞。
-
-
-
-
-
-
-
-
-

#D 影音專訪 LIVE

小青蛙劇團

陪伴孩子們成長的奇幻旅程！

小青蛙劇團 LITTLE FROG THEATRE

李心民，小青蛙劇團的團長，於 1994 年一手創辦小青蛙劇團，致力於兒童偶戲的編導和演出及布偶製作，足跡遍布日本、馬來西亞和中國多個城市，透過布偶激發孩子的想像力與創造力，為孩子的成長留下難能可貴的回憶。

1. 1995 年金斧頭銀斧頭　2. 1997 年新小紅帽
3. 2004 年新虎姑婆　4. 2008 年小木偶奇遇記

誤打誤撞入行，返鄉創立劇團

小青蛙劇團成立於 1994 年，由李團長一手創辦，是台中在地的演出團隊，也是台中第一個專職、專業的兒童劇團，不只在台灣演出，足跡也遍布到日本、馬來西亞等國家和中國多個城市，李團長不僅致力於兒童偶戲的編導和演出，也自己製作布偶，還到多所學校做偶劇教學，李團長透過布偶激發孩子無限的想像空間，伴著孩子成長，也為孩子的成長帶來一段驚奇且歡樂的旅程。

剛退伍的李團長，原本只是到台北的劇團幫忙，想不到就這樣誤打誤撞進入劇團，而且一待就待上五年，老闆原先打算將劇團跟股份全數都傳承給李團長管理，但原本的劇團是一間中日合作的公司，老闆希望可以將技術原封不動地從日本轉移到台灣，但李團長認為，台灣與日本畢竟有不同的國土風情，就算要技術轉移也必須要調整、接地氣，種種的理念不合，李團長選擇離開劇團、自己開業，當時劇團主要發展重心都在北部居多，光是幼稚園的表演一年就可以多達四百場，而中南部的劇團資源卻十分缺乏，孩子們一年看不到幾場劇團表演，李團長看見中南部的市場需求，便決定到台中、也就是他的家鄉，創立了「小青蛙劇團」。

小青蛙劇團除了偶劇的演出，也有布偶製作教學，教孩子們用破損的襪子或拖鞋透過剪貼、彩色筆著色，回收再利用做成十二生肖的動物布偶，並給布偶取名字、賦予它生命，有助於刺激孩子們的想像力和創造力，也可以讓不擅表達內心世界的孩子們，透過接觸布偶的過程中得到情感的抒發。

單打獨鬥，歷經疫情風波

起初，要離開台北、到台中成立劇團，單打獨鬥的李團長沒有背景也沒有資金，許多人都等著看笑話，加上劇團人數眾多，如果沒有特色或知名度是很難接到演出邀約的，加上近年來少子化嚴重，許多幼稚園招生數量少、資金也減少，以往都會接到幼稚園的節慶或校慶等的活動邀約，也隨之減少，然而也因為少子化的關係，家長更重視孩子的成長，政府也積極促成，劇團也轉而做

1. 2013 年三隻小豬　2. 2015 年國王的新衣
3. 2016 年熊的傳說　4. 2017 年小魚小魚海中游
5. 2020 年賣香屁　6. 2020 年七隻小羊

鄉鎮市公所或百貨公司等的活動。

提及 2003 年造成社會大眾恐慌及緊張的 SARS 事件，李團長說道，當時劇團都已經完成宣傳活動、準備開始巡迴演出，疫情的爆發使得演出與否都必須賠錢，而現在也剛好處於後疫情時期，因為政策的關係無法進入校園做宣傳，劇團也因此取消許多場次，如期開演的場次也必須依規定採取梅花座方式入席，成本依舊但收入卻遠遠不及原先的一半，每次的損失動輒百萬；歷經幾波疫情之後，李團長也開始自己做偶，除了可以避免請人製作無法自己掌握品質、價錢及完成時間的問題以外，劇團裡的成員大多都是專職演員，在演出的空檔期間幫別人製作吉祥物布偶也可以增加劇團收入，現在可以看見許多學校、科博館、妖怪村、全運會等的吉祥物都是出自李團長之手。

陪伴孩子成長，期許與國際接軌

憶起剛入行時，因為演員需要蹲著演，小朋友的視線才會是最舒服的，為了訓練體能，每天都要早起跑操場、練發音，再來才是進劇場做基本的直向、橫向操偶訓練，李團長也想起第一次受邀參與兒童節目錄影，他笑說自己當時又拙、講話又很平，還是看了錄影帶回放才頓悟，之後他便開始利用休息時間聽廣播，隨手就拿出布偶跟著廣播內容自己練習操偶，每每到其他國家演出時，也都會吸收當地的演出方式；李團長說道，偶劇是一種團體藝術，不單只是觀眾看到的配樂和歌唱，還有幕後的編劇、導演、美術設計、製偶師、道具師、布景師等等的重要項目，每回演出，他都會一邊操偶一邊思考導演如何取鏡頭、燈光師怎麼打燈光，多去學習了解，多接觸、多看戲，都勝過於鑽研書籍。

如今，小青蛙劇團已經闖出名號，連續好幾年皆獲得「台中市文化局扶植傑出演藝團隊」、「幼鐸獎—優良廠商」、以及海峽兩岸文創文旅商業地產趨勢論壇「兩岸最受歡迎優質品牌商」，無數場的受邀演出，每年演出場次多達上百場，儼然已經是國內最大的兒童劇團，未來李團長希望培養年輕人才，並傳承他的技術及執行劇團，而他也會繼續創作、不放棄演出，期許小青蛙劇團現在扎根台灣，未來可以跟國際接軌，讓偶劇更廣為人知，將台灣的優質兒童偶劇足跡遍布海外各地。

如同小青蛙劇團的團名，李團長希望小朋友能在大自然的環境健康成長，彷彿一隻小蝌蚪茁壯成長為青蛙，水陸兩棲都很強悍、適應力強，也希望賦予生命力的布偶能伴孩子們長大，為孩子們純真的童年留下難忘的回憶，未來長大後也依然保有童心未泯的赤子之心。

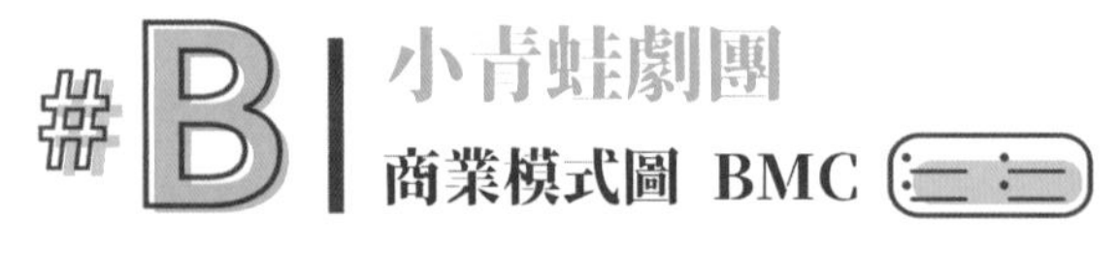

小青蛙劇團
商業模式圖 BMC

重要合作

- 劇場
- 兩廳院售票系統

關鍵服務

- 偶劇演出
- 人偶製作
- 偶戲教學
- 製偶教學

核心資源

- 專職演員
- 製偶技術
- 偶劇創作

價值主張

- 以推動兒童偶劇為目標，希望藉由「人與偶」的觸摸與互動過程中，來滿足孩子們心靈的慰藉及情感的抒發。

顧客關係

- 主動買票
- 企業活動邀約

渠道通路

- 官網
- Facebook
- Instagram
- 售票網站

客戶群體

- 政府
- 學校
- 家庭
- 鄉鎮市公所

成本結構

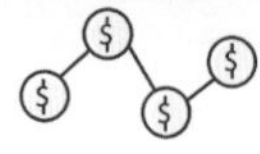

演出場地、製偶技術、人事成本、行銷成本

收益來源

演出收益、出租布景及道具費用

#C 創業筆記 TIP

- 讀萬卷書不如行萬里路，實際多去學習了解、多接觸，都勝過於鑽研書籍。
- 偶劇是一種團體藝術，不單只是觀眾看到的配樂和歌唱，每一個幕後工作崗位都十分重要且不容易。
-
-
-
-
-
-
-
-
-

#D 影音專訪 LIVE

易晨智能股份有限公司

AI 技術簡單化，迎向智慧生活新時代

許永昌（Mic），易晨智能股份有限公司的執行長，秉持著把 AI 簡單化的信念，用豐富的人工智能與軟硬整合經驗，將 AI 技術導入生活甚至延伸至各個產業做技術突破，「有聲音的地方就有易晨」，渴望將易晨智能的品牌帶到全球市場。

1. 2020 未來城邦高雄創新創業大賽 - 易晨銀獎
2. 易晨捐贈慈馨兒少之家
3. 2020 高雄創新創業決賽 - 易晨銀獎
4. 易晨捐贈甘霖基金會

沉澱再出發，醞釀能量創立公司

易晨智能並非 Mic 初次創業，Mic 原先在中國創立公司，但因為經驗不足而萌生撤退的想法，後來遇到投資者提議整併成新公司，Mic 才轉而切入智能機器人的產業，雖然最後 Mic 還是因故選擇撤回台灣，經過兩年的沉澱，期間 Mic 也擔任許多公司的硬體改造顧問，他觀望 AI 軟體與自然語言的市場已久，發現 AI 其實可以跟各個產業整合做應用，經過一系列的規劃與籌備，也覺得時機成熟終於在 2019 年創立易晨智能。

技術充斥生活、導入至各行各業

「有聲音的地方就有易晨」Mic 說道，機器聽得到也聽得懂才是重點，易晨智能以語音識別、語意理解及數據分析為核心出發點，隨著智能技術的普及，智慧家庭及智慧生活的概念也已導入家電普遍使用，不再需要遙控器、只要 app 便能操控，像是大家耳熟能詳的智能電視、智慧音箱也都已穩定量產；易晨智能也切入智慧教育的市場，以虛擬第二教師的概念研發軟體輔助老師教學，將軟體植入電子白板，學生可以與平板進行對話，老師只要在一旁陪伴不需要再辛苦地個別和每個學生對話，省下老師的時間成本，但依然可以觀察到每個學生的學習狀態。

除此之外，易晨智能也將觸角延伸到不同的產業，像是設備出廠前都需要技術員檢驗，但現在許多工廠只有老師傅，沒有年輕人願意傳承技術，造成人才斷層，而智慧工廠及智慧製造的技術可收集及分析音頻，進而檢驗是否有異常的噪音產生，且可以代替人力全天候偵測；還有智慧金融產業也是易晨智能的合作對象，與銀行合作研發虛擬客服機器人，提供民眾在銀行營業時間以外也可以解決問題，可互動回答三到四成的客服問題，像是解決信用卡掛失等的基本問題；易晨智能使 AI 更貼近生活，將 AI 技術簡單化、更便於操作。

Mic 說道，語音是個很特別的領域，因應不同的區域做客製化的語言收錄，為了讓技術能被更廣泛使用，在收錄聲音時也下足了工夫，針對台灣

1. 星創爭霸嚴選新創 - 易晨智能
2. 若水輔導新創
3. 禾聯碩攜手易晨智能
4. 易晨捐贈南家扶中心
5. 國網中心 TWCC- 易晨智能

族群多樣化收集不同口音的數據做模型訓練，也隨著語料愈來愈多模型與演算法也一直做調整與分類，目前已有台灣國語、原住民、甚至海口腔等腔調版本。

默默耕耘、證明自己

起初，許多人不看好易晨智能，創業的資本額不高，周遭的人都質疑公司是否可以生存、是否可以研發成功，市面上的大廠也不願意與易晨智能合作，就是擔心新創公司很容易倒閉，為了開發客戶，Mic 還得每週去拜訪客戶，儘管總是吃閉門羹他依然默默耕耘；Mic 說道，前半年是最艱辛的時期，當時公司內部只有三個人，公司還默默無名，好的人才也不願意上門來，因此 Mic 從學校或職訓局尋找志同道合的新人從頭培養，一方面也可以降低人力成本，而公司進入量產後，舊案子的售後維修服務與新的案子又常常打在一起，工作量大到一年當五年用；「沒有驚人的意志力真的無法做下去」Mic 說道，憶起創業初期的斑斑血淚，這一切辛苦依然歷歷在目，但 Mic 也深知創業沒有最辛苦、只有更辛苦，每一次的挫折都會是成長最好的養分。

Mic 很感謝當時最初願意相信他的投資者，尤其是禾聯家電，願意一路陪著易晨智能一起成長，隨著案量的增加公司業績也隨之翻倍，愈來愈多股東想要投資，公司的規模逐漸做大、員工人數也逐漸擴編，Mic 也證明了自己能力，讓當初不看好的人為之驚艷。

不斷往前進步，迎向智慧生活的時代

易晨智能的英文名是「EZ AI」，結合「Easy」及「Artificial Intelligence」，期許將 AI 智慧簡單化並充滿在生活中，希望在科技進步的 21 世紀能夠不斷的往前進步，落實真正的智慧生活；「每年都要有成長才對得起自己」是 Mic 對公司的勉勵，易晨智能規劃希望再三年便能走向海外，將公司擴展到東南亞和北美市場，將技術再延伸至更多的產業別，並期許五年後可以成為上市櫃的公司。

美國有著名的蘋果電腦公司，Mic 覺得易晨智能也可以有專屬的標誌，所以特別取材於台灣揚名國際的水果—香蕉，也因為台灣以濃厚的人情味聞名，因而設計標誌與「人」字形狀相似，也象徵著公司的經營理念「以人為本」，Mic 認為易晨智能之所以可以在競爭激烈的科技市場存活下來，是因為他對於軟體掌控度高，且願意滿足客戶、服務到最後，不是給客戶最好而是給予最需要的。

易晨智能股份有限公司
商業模式圖 BMC

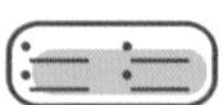

重要合作

- 禾聯家電
- 雲鼎數位科技
- 台北市衛生局

關鍵服務

- 智能機器人
- 客服機器人
- AI 故事機
- 智能電話座機
- 物聯網雲端平台

核心資源

- 語音辨識
- 語意理解
- 人工智能演算法

價值主張

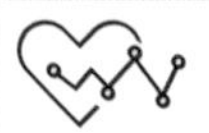

- 將 AI 智慧簡單化並充滿在生活中，追求品質與技術突破，給客戶最需要的服務。

顧客關係

渠道通路

- 官方網站
- 創新創業大賽

客戶群體

- 工廠
- 銀行
- 家電業
- 教育產業

成本結構

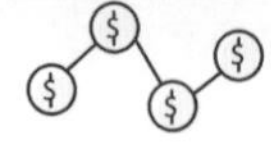

智能技術開發、軟體程式、人力成本

收益來源

研發產品費用

#C 創業筆記 TIP

- 創業沒有最辛苦、只有更辛苦，直到放棄都不會有輕鬆的一天。
- 創業的每個階段都有不同的擔心，有擔心是好事，才表示公司有在成長、進步。

-
-
-
-
-
-
-
-

#D 影音專訪 LIVE

#A

熊肯作文創木工坊

只要您肯作，便能讓愛與善循環

熊文騫，熊肯作文創木工坊的老闆，是以回收木料再製，造福弱勢族群的社會企業，提倡節能減碳，並以環保木料推動環境教育，渴望藉由推廣木工文創，讓大眾看見社會角落，並對他們多一份尊重、盡一份心力，將愛傳至每個角落。

1. 廠內設備機器體驗
2. 與社區合作創意蘑菇帽拖
3. 喜來登遊具規劃
4. 木工工藝鉋刀大會

耳濡目染，跟隨祖母腳步

在社區裡推著環保車撿回收堆積物，忙碌的身影便是熊老闆的阿嬤，熊老闆從小學就跟在阿嬤的身邊幫忙，小小年紀的熊老闆總會遭受同學的冷言冷語，他也不理解阿嬤明明是個里長為何還要到處撿回收，直到長大後幫忙載回收物去變賣現金才明白，原來阿嬤做資源回收都是為了照顧社區的獨居老人，或無法吃營養午餐的學生。

因緣際會下，熊老闆接到來自台中工業區的電話，對方詢問是否願意回收木棧板跟木箱子，正好社區裡有老木匠師傅願意教導其他居民接觸木料，便開始將回收的木料訂做家具，一方面可以協助中高齡者做二度就業，另一方面可以將訂做的家具幫助弱勢團體並免費運送到府，就這樣輾轉用回收變賣的基金跟回收的木料，並運用在職的技能有效的幫助社會需要幫助的人。

讓資源再生，引領愛護地球

除了回收木料再製之外，熊老闆也發現科技愈來愈進步，許多人的電器喜歡汰舊換新，所以熊肯作團隊也會轉介洗衣機、熱水器等家電贈送給需要的家庭，熊肯作愈做愈有規模、知名度愈來愈高後，開始跟福利中心結合，互相支援物資，也跟中央部門、基金會和社區發展協會等單位合作，幫助更多看不到的社會角落，熊老闆知道還有許多因經濟壓力或生活環境而無法學習工藝的中高齡弱勢婦女、部落族人或對工藝有興趣者，因此也邀請工藝專家至社區開班授課，以創客精神開發木工手作課程，讓他們可以習得一技之長增加就業機會，甚至幫忙文化傳承，開展了賽德克織布的家，透過居民和學員之間的交流、火花，讓廢棄回收物重新找到它的價值，也讓資源再生及重複利用，不僅讓社區長者活絡筋骨、動手玩創意，也更凝聚社區的向心力，藉此活化社區。

因應著全球暖化、環保意識抬頭，熊肯作宣導照顧地球、提倡節能減碳，藉由環保木料來推廣環境教育，到各個學校做體驗式教學，讓學生接觸木工體驗學習，讓他們了解產業的辛苦及優缺點，並客製化製作代表學校的商品，像是代表新光國小的貓頭鷹及代表和平國小的鴿子，讓生活

1. 熊肯作文創木工坊 logo
2. 小豬造型木製品
3. FELDER 中部代理
4. 木製桌子
5. 木製電腦桌椅
6. 喜來登遊具規劃

在都市裡的孩子可以遠離塵囂喧鬧，體驗做木工的樂趣，也體會到大自然的原始美。

用愛包容、攜手工藝傳承

進入木工的產業最一開始遇到的問題就是設備的採購，「買對，不要買多」是熊老闆最深切的體悟，他笑說，創業初期買機器就像是場博弈，有時候廠商不提供試用機器，自己也還不了解機器的性能跟優缺點，常常買到功能不符合需求的機器，好在在團隊的合作鑽研下，熊肯作也才逐漸熟悉進而步上軌道。

回收的下腳料雖有瑕疵，外表或許不美觀但並非不能使用，透過技術依然可以再修復，再製的過程中也會適當在需要支撐結構的部位結合新料使用，重視穩定度與品質維護，讓初學木工者也能節省相當多的成本費用，體驗玩木工的樂趣；熊老闆總是放下身段，用哥哥的心態與需要幫助的弱勢兒童站在同一陣線，將小朋友當成自己的親友關心，用愛包容、用時間陪伴，才能讓小朋友接受教學，教他們釣魚習得一技之長，透過教學幫助小朋友將產出的作品帶至市集擺攤或放上網站販售，進而貼補家用，鼓勵自給自足提升成就感。

熊老闆的成就感來自於將工藝技術傳承，與同好共同交流，一起成長。在培養人才方面，看見許多孩子很有能力，但因資源不足心裡有坎跨不過去，對於熊老闆而言， 幫助他們步入社會軌道，過新的人生，甚至在往後能透過社工的引薦找到適合自己的工作及住所，心中的感動更是無法言喻的，認為幫助他人就是一種愛與善的循環。

打造精品木工品牌，技術傳承機器代理

熊肯作即是取自台語「最肯作」的諧音，象徵著只要肯做、肯學習，人人都可以成為工藝家，熊肯作至今已經邁入第 18 年，熊老闆從小就受到阿嬤及媽媽的薰陶，更從媽媽的手中接下熊肯作，不僅有傳承的意味，更打造了社區的循環經濟，創立了熊肯作社會企業。

如今，熊肯作已拿下數個全球技能競賽的獎牌，並且著手協助做廠房規劃，未來會更努力讓熊肯作的品牌更廣為人知，持續堆廣環境教育，也會繼續到各個學校做體驗式教學，更會攜帶簡便式機器進到校園，讓學生在安全的守則下進行體驗，也希望透過校園巡迴展示及教學，培育更多工藝人才，讓年輕學子了解專業並尊重專業。

熊老闆深信「愛是會傳染的」，希望藉由自己拋磚引玉，大家可以共襄盛舉一起做好事，只要願意，可以從關心街坊鄰居開始做起，對社會多一分關懷、盡一份心力，讓愛傳到每個角落。

#B 熊肯作文創木工坊
商業模式圖 BMC 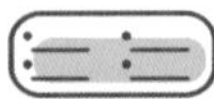

重要合作

- 社區發展協會
- 福利中心
- 基金會
- pinkoi 購物網站
- 創客教室
- 營造公司
- 工業區
- 民宿飯店
- 學校

關鍵服務

- 客製化商品、木工教學
- 家具訂製、傳統木作
- 實木傢俱、DIY 教學
- 榫接工法、木工設計
- 機器使用諮詢、職涯規劃

核心資源

- 木匠師傅、木工技術
- 木工機器醫生、FELDER 中部代理、志工
- 鉋花交流、手工具使用
- 職涯規劃、木工體驗班
- 木工高階課程、社工資源

價值主張

- 「環保、技藝傳承、幫助弱勢」為三大理念，以節能減碳和幫助弱勢族群為宗旨，回收木頭為原料製作手工裝飾品、家具或生活日常用品，並且提供客製化服務免費供給弱勢族群。

顧客關係

- 共同創造
- 個人協助
- 主動購買

渠道通路

- 實體店面
- Facebook
- 展覽活動、市集
- 校園巡迴演講
- 巡迴展示
- 巡迴教學

客戶群體

- 需要木製裝潢的店家
- 喜歡木製品的人
- 有木料需要回收的廠商
- 需要木工講座的學校

成本結構
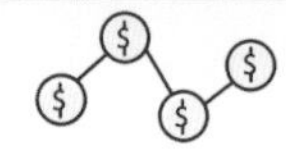

交通、人事成本、機器設備成本

收益來源

產品賣出收益、課程費用

#C 創業筆記 TIP

- 有些材料雖然有瑕疵，但並非故障不能使用，經過修復依然可以再利用，不要單看原料的外表，內在或許會有它待發揮的價值。
- 只要願意做，且肯做、肯學習，人人都可以成為自己想成為的人。
-
-
-
-
-
-
-
-

#D 影音專訪 LIVE

木吉

活出自我精彩魅力，從職業母親到選物店主理人

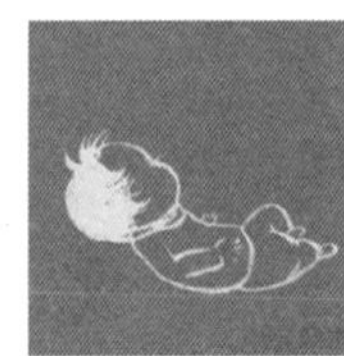

從英文老師走進職業母親，現為服飾品牌的主理人，她的人生在每一個階段有不同的理想，在每個當下盡心盡力，致力於推廣友善服飾製造，在乎環境、自然、貿易公平正義，有內涵有自己信念的女性，她是木吉的創辦人，鄭雪伶 (Snow)。

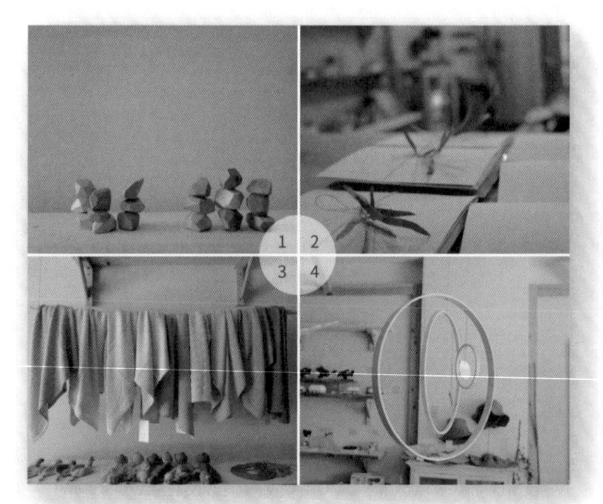

1. 台灣獨家販售的品牌也可在木吉找到
2. 希望能夠和顧客更貼近而用心準備的開幕邀請卡片
3. 關於孩子舒適安全的周邊俱全販售
4. 網羅各地用心經營的小品牌

簡單的開始，不簡單的過程與成果

木吉現階段有臉書社團、官方網站、實體店鋪同步執行，未來還希望走向開辦工作坊、手作活動、和舊衣收購交流計畫等等，Snow 還想要做更多事情，現在對未來有許多不同規劃的她，其實一開始只是很單純的做批發代購，起心動念相當單純，只因作為一個母親，希望能幫孩子打扮的漂漂亮亮，留下記錄，在尋尋覓覓童裝的日子當中，因緣際會和朋友去了韓國東大門，開啟了她的事業，也讓她開始一年半來回韓國、台灣奔波的生活。

堅持每次去韓國，現場帶貨看料，這樣嚴選好物的態度，讓 Snow 有了一批忠實的顧客，雖然來回兩國，身體總是勞累，但 Snow 也樂於跳脫「母親」的身分，為了自己想要的事業打拚，她很懂得效益最大化，去一趟韓國，希望有更高的產值，除了童裝，Snow 也開始接觸女裝，銷售過程也發現許多婆婆媽媽除了孩子的衣服，也會為自己添購新行頭，孩子長得快，有時候買太好的衣服很快就不能穿了，但自己的衣服可以穿很久，大多數女生也都擁有與生俱來想要變得更美的慾望。

不斷進化，為長遠未來規劃

Snow 扛下責任和每日拖著疲憊身軀回家，慢慢的有了甜美收穫，職業母親加上創業家的工作量龐大的難以想像，創業初期的動盪和辛酸和照顧小孩的吃喝拉撒，都讓 Snow 勞心勞力，要找到平衡兼顧兩者，就沒有時間好好休息睡覺，好在 Snow 的個性開朗正向，對於台灣市場容易低價競爭的挫敗，還有繁瑣永遠處理不完的待辦清單，Snow 都以她堅毅的精神面對。

她分析了自己的客群，精準的市場眼光，選對受眾，Snow 發揮她的特長，剛開始小額資本以臉

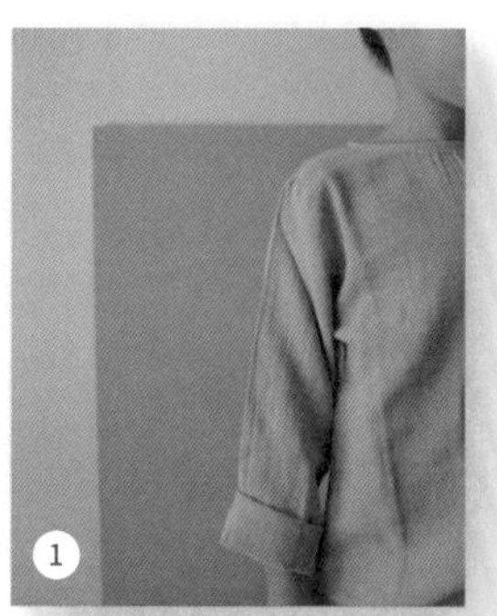

1. 來自各國極簡風格的有機棉麻童裝，讓買好買少的理念能夠充實發揮
2. 店內也販售來自各國的獨立品牌女裝
3. 主理人很喜歡植物，有了實體店面也多了個可以發揮的小空間
4. 能夠減少地球負擔的居家用品也能在店內找到
5. 裝潢設計營造自然且舒適的購物空間

書社團起家，每一次帶貨都讓她重新檢視自己的行銷手法是否有效益，為了損益兩平不斷再過程調整做法，投放廣告，日漸穩定的生意讓她小有成就。

對自己與世界都好的選擇

Snow 沒有因成績提升就此停下腳步，一逮到機會，她就出國增長見聞，瞭解產業趨勢，日本、韓國、巴黎、紐約，橫跨全球不同的經緯，接觸各個面向的童裝市場，春夏秋冬各季節的展覽，瞭解許多獨立品牌，她也因此看見世界各地不約而同的推崇「有機棉」的產品，也逐漸更加重視品牌對於事業長久發展的重要性。

木吉，當前已發展成一間集結各國選品的展售空間，事業起源於兩個寶貝兒子，她希望維持著母親對孩子保護的初衷，推廣衣料好、品質好，不傷害肌膚的衣服，即便比例上增加了女裝也維持同樣的概念，除此之外，她也開始注意整個產業鏈對於環境的影響，以及對於生產製造鏈每個工作者的公平正義，她期望自己的選品是對於社會有正向意義的存在。

賦予自己自由的權利，美由自己定義

擁有自己的信念，Snow 活出了自己的美學，她相信從商要互利，並且要友善孕育出萬物的大地，她推廣「買得多不如買得精」，謹慎消費，聰明購物，買一個自己認同的品牌，選擇好的用料，給工廠製作師傅合理的薪資，如果喜歡並且能夠常穿，即便單價稍高，也比常常買新衣服划算，Snow 也提倡自在穿著，希望大家不要太在意別人眼光，穿自己開心喜歡，穿的自信舒適就是美。

Snow 創業後什麼事情都要自己來，會計、架網站、行銷、通路、報海關、檢驗等等，她提到每個環節都會覺得很煩很生氣，但學起來都是自己的，她知道每個階段性的困難，都一定會過去，就不要太走心或是過度在意，不把情緒浪費在不好的事情上是她給自己的調解。

她一路過關斬將讓自己不斷升級，無論是哪一個面向的角色，都能盡力做到最好。對於創業她認為個人特質是成功的重要關鍵點，要找到自己特色和優勢，並且勇敢大方嘗試，別害怕失敗，有方向之後縝密思考並且多與人交流傾聽回饋，這些都能讓自己邁向成功。

減少包裝素材的環保計畫

#B | 木吉有限公司 商業模式圖 BMC

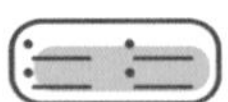

重要合作

- 韓國東大門批發市場
- 各國品牌童裝、女裝
- 信用卡公司

關鍵服務

- 服飾販售

核心資源

- 個人經營調整彈性
- 通路建立
- 媽媽網絡

價值主張

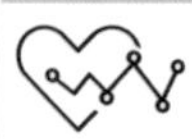

- 提供優質童裝、女裝服飾，透過品牌傳達自在自信的美麗以及對公益和生態保育的重視。

顧客關係

- Facebook 社群經營
- 建立品牌忠誠

渠道通路

- Facebook
- 官方網站
- 實體店鋪

客戶群體

- 全職母親
- 職業奶爸
- 環境保育者
- 輕熟女

成本結構

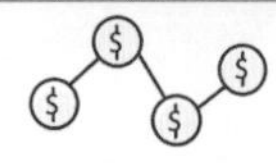

進貨成本、出國挑貨成本、看市場成本、店鋪租金、電費、人力

收益來源

社群、官網、實體店鋪販售收益

#C 創業筆記 TIP

- 活出自我價值，不要活在別人眼光中。
- 瞭解自己的消費群體，並且精準投入，才能有最高效回收。
-
-
-
-
-
-
-
-
-

#D 影音專訪 LIVE

羽筑母嬰學院

迎接好孕，讓您的寶貝贏在起跑點

連勇舜，羽筑母嬰學院及汭恩產後護理之家的執行長，把台灣的月子文化結合傳統及創新，從孕期到產後提供專業知識與指導，讓準媽媽們可以利用彈性的時間參與學習，進一步用此模式延伸至全國甚至發展國際，讓更多孕媽咪受惠，讓寶寶贏在起跑點。

1.2. 汭恩產後護理之家內部環境
3.4. 汭恩產後護理之家內部膳食

回到月子中心的發源地，創立汭恩產後護理之家

羽筑母嬰執行長連醫師從上海復旦大學附屬醫學院畢業，1993 年至 2013 年在上海學習、創業近二十個年頭，隨著中國二胎政策的開放，他認為華人母嬰市場的未來必定蓬勃發展。坐月子的傳統源自老祖宗的智慧，連執行長一心想將這項屬於華人特有的文化發揚光大，於是回到全球第一家月子中心的發源地；滿腹熱血的連執行長想著「要在月子中心競爭最激烈的市場成為第一，才能夠擁有母嬰界的話語權」他將發跡的第一步設在龍爭虎鬥的台北，並著手規劃、考察，透過實際與孕婦溝通發現真正的需求，通過創新、與同業形成差異，實際解決母嬰市場上的痛點，籌備了約莫四年的時間，106 年 6 月於台北創立「汭恩產後護理之家」。

汭恩產後護理之家只是計畫中的第一步

「天底下的媽媽都是因為懷孕自然而然地升格為媽媽，但有七成以上的孕媽媽在被告知懷孕的當下還沒做好準備、不知道怎麼當媽媽」連執行長認為孕期的過程與產後的恢復息息相關，若孕期品質控制得宜，產後的恢復就會順利，因此，主張提前 200 天就融入媽媽們的孕期生活，提供許多獨特的服務與幫助。

繼汭恩產後護理之家後，在創新起點，成立「羽筑母嬰學院」

連執行長把這四年來的服務經驗做個總結，再創新的起點；打造全國第一個母嬰網路學習平台，這一切的努力就是要讓更多的媽媽和寶寶得到幫助，通過網路學習讓懵懵懂懂的孕媽媽搖身一變成為堅強無比的巨人，在淺移默化、循序漸進的過程當中，鼓勵爸爸媽媽都能夠一起參與、學習更多的技能，進而實現，讓寶寶贏在起跑點的目地。

「羽筑母嬰學院」站穩腳步，卸除新手媽媽的焦慮

從孕期到產後，課程共分為五大區塊：

第一 營養：

從孕早期、孕中期、孕晚期、產後月子期、寶寶

1. 汭恩產後護理之家內部環境
2. 連勇舜執行長與客戶合照
3.5. 汭恩產後護理之家內部膳食
4. 2020 的第一屆台北市優質特色產後護理之家頒獎典禮
6. 第一屆全球華人母嬰產後醫護高峰論壇

離乳期，每個階段的養分攝取都會牽動著寶寶的健康發育和成長；在孕期，寶寶的營養來源，只能依賴媽媽來提供，不同的孕期階段，寶寶的營養需求也會有所不同；產後每一位媽媽身體恢復的狀況也各有差異，寶寶出生 4 個月後的副食品也需要結合營養和科學，營養師會在課程裡，用生動活潑、簡單易懂的授課方式，針對每一階段的生理特點詳細的說明與指導，讓每一位媽媽都能夠輕鬆學會孕產期營養補充的各項技能。

第二 醫護：

許多媽媽在孕產期的過程中都會存在困惑，尤其是醫療和護理的專業領域，往往因為陌生、不熟悉而變得不知所措；課程裡，由專業的婦產科醫師、小兒科醫師以及資深的護理師聯合授課，老師們會針對孕期產檢、醫療檢查、護理常規、孕期症狀、產兆、寶寶出生之後的各項常規檢查背後所代表的意義，還有許多寶寶照護的技能、評估標準，逐一清楚說明，讓孕媽咪提前做好準備，享受懷孕；全面提升授孕、懷孕、產後照護的品質。

第三 教育：

寶寶人生第一位啟蒙老師，不是爸爸就是媽媽；但，爸爸媽媽從來沒有接受過啟蒙寶寶的專業訓練，因此，多數爸媽都不具備擔任寶寶老師的能力，羽筑胎早教老師以趣味結合職能訓練的授課方式，深入淺出，帶領爸媽把握孕期的黃金學習時機，從懷孕開始，學習啟發胎、嬰、幼、童四個階段，全腦開發的方法，讓您的寶寶聰明與智慧都能夠高人一等。

第四 哺育：

天底下沒有哪一位媽媽天生就是哺乳高手，人類既然屬於哺乳類動物，也就是說，每一位媽媽天生都是有奶水的；可惜的是家庭教育、學校教育、社會教育都不會教你這些功夫，在羽筑的母嬰課堂裡，從建立正確母乳哺餵的觀念開始，循序漸進，指導使用正確的哺乳方法，加上必要時的小技能，就能夠幫助你實現要多少有多少的夢想。

第五 膳食：

只有營養但不好吃，我相信很難持久，孕期十個月加上產後兩個月，連續 12 個月都只重營養而不重口感，營養攝取和享受美食都是必須的，課程裡老師也會教您一些方法來達到這個目標，中醫論述『藥食同源，因異擇材』不同體質就應該吃不同的食物，課程裡，每一集都會規劃一套養胎餐或月子餐，由中醫師、營養師、料理師分別講述每一套餐的適應人群，組合精神和烹飪方法，讓您在家裡 DIY 也可以為自己做好準備。

「羽筑母嬰學院」透過網路創造無國界的「地球華人學院」

拜疫情所賜，遠距教學已成為一種趨勢；科技突破了地域上的限制，讓更多人都能夠共同享受美好的教育，羽筑母嬰學院突破壁壘，借由網路創造無國界的地球學院，無論您身處何地都可以報名參加不同級別的課程，實現共同學習與成長。

#B | 羽筑母嬰學院

商業模式圖 BMC

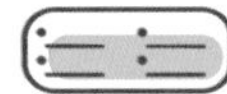

重要合作

- 母嬰用品廠商
- 策略聯盟機構
- 專業領域師資

關鍵服務

- 母嬰機構專業服務
- 輔導建置母嬰機構
- 提供母嬰課程教學
- 銷售優質母嬰商品

核心資源

- 母嬰網絡學院平台
- 線上 EC 聰明購平台
- 專業研發團隊
- 媽媽團

價值主張

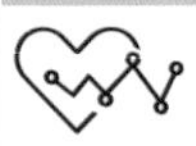

- 優化孕期生活，創造幸福孕育平台。

顧客關係

- 專業團隊服務
- 個人尊榮服務
- 無時空限制訓練
- 物超所值購物

渠道通路

- FB、LINE@
- 官方網站
- 策略夥伴
- 媽媽團
- 50 家策略聯盟

客戶群體

- 孕前媽媽
- 孕期媽媽
- 產後媽媽
- 月子中心
- 婦產機構

成本結構

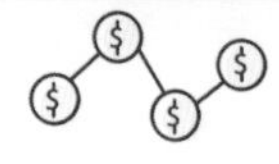

商品成本、師資成本、平台維護成本、行銷成本

收益來源

專案顧問收入、專業母嬰服務收入、商品銷售收入、課程收入

#C 創業 TIP 筆記

- 同行間若可以互相學習、教學相長，最後受益者一定是客戶端。
- 要做就要做不一樣的，與其他同產業形成差異化，才可以在市場佔有一席之地。
-
-
-
-
-
-
-
-
-

#D 影音專訪 LIVE

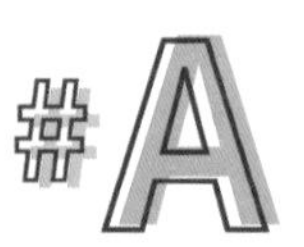

蛹之生心理諮商所

黑暗中成長，陪伴您破繭重生

蛹之生心理諮商所的譚慧蘭所長及李雅君副所長，以蛹羽化成翩翩飛舞的蝴蝶之過程來比擬人生，期盼陪伴當事者渡過情緒脆弱或赤裸無助的時期，幫助他們了解自我優勢、找到自己的翅膀，朝向更自在與有意義的生命樣態生活。

1. 遊戲室空間全貌
2. 行政櫃台與等待區
3. 大型國軍心理專題講座
4. 談話性節目受邀為心理專家

創立穩定涵容空間，聆聽心底的聲音

兩人說道創立蛹之生的原因很純粹，即希望有穩定的空間好好地跟個案進行談話，心理諮商雖無須醫療器材，但並非隨意的場所都可以進行晤談，它是個神奇的空間，裝載當事人所有的故事及情緒，是個容許放鬆、卸下武裝的場域，當你踏進心理諮商所的那一刻起，療癒就開始發酵，現今一、二館實體空間逾 300 坪，擁有多間諮商晤談室，注重環境舒適度與感受性，即是所長與副所長非常堅持努力打造的涵容空間。

WHO 曾表示「沒有心理健康，就不算真正的健康」，但肇因於社會上對精神疾患與心理壓力仍普遍存在汙名化，憂鬱、憤怒情緒各種心理低潮或是症狀被視為負向的標籤，使大多數的人遇到困難時，常選擇獨自處理面對與摸索，而非先找專業人員。然問題糾結得越久、成因形成越複雜，梳理心理問題的方式，牽涉到更多層面，是很需要專業協助的，因此破除汙名化讓民眾得到心理健康的正確知能，成為我們責無旁貸的任務。

所長表示須要諮商的人可略分為生活上的苦與生命裡的結兩種，生活上的苦像是吃不好、睡不飽、心情差，甚至工作與生活焦慮與壓力難以負荷，就必須找到壓力根源進行調節；而生命的結大多是關係之間的問題，像是家庭問題、親子問題或是伴侶關係、夫妻關係的問題，而「家」原本應該是避風港，但若關係失衡，反而成為人的風暴來源，便會讓個人的生命更形負擔與沉重。

很多心理問題並非一時半刻可解決，也許不去解決生活也能繼續過下去，但卻不一定過得好，譚所長認為，來到心理諮商所的人都勇氣可嘉，因為他們願意為了未來能好好生活而跨出這一步，勇敢面對過去生活的罣礙或生命的問題。

與政府單位合作，提供不同面向之服務

蛹之生除了民眾自費諮商外，亦受到政府部門的信賴而承辦大型政府委託案。

連續四年與臺中市政府勞工局攜手合作，提供免付費無憂專線 0800666160，由專業人員接線傾聽勞工的壓力與困擾，並提供心理諮商、法律諮

1. 蛹之生心理諮商所的譚慧蘭所長及李雅君副所長
2. 個別晤談室
3. 創立診所、管顧公司與協會
4. 企業講座

詢、理財諮詢等諮詢，成為統合大台中勞工們的員工協助方案 (EAPs) 與輔導企業進行心理健康促進的唯一承辦單位。

連續五年與國防部簽訂鏈結民間心理輔導資源計畫，擔任中部地區心理衛生中心的轉介服務據點之一，為國軍人員提供心理諮商服務及心輔官的教育訓練，所長還曾榮獲國防部長頒發感謝狀的殊榮；其他如衛生福利部、社會局、教育部國民及學前教育署、南投縣政府、臺中市家庭暴力及性侵害防治中心等，均與蛹之生締結心理諮商服務相關合約，兩人表示能將資源給予需要的人，再累也甘之如飴。

蛹之生集團尚有管顧公司、協會與心理知識數位平台讓服務更完整

「依取有限公司」以蛹之生的心理專業為核心，擴充更多企業所需之專業顧問與組織協助，已穩定服務多家知名企業，企業員工協助方案亦是蛹之生集團未來五年主要的發展重點，兩人認為若是企業愈注重員工心理健康促進，而更能善盡社會責任，增進員工生產力。「依取身心健康發展協會」協助教育與助人專業機構，舉辦社會心理健康衛生相關訓練，提高助人專業教育水準並輔導專業人員進修；譚所長亦擔任「英邦德科技股份公司」之董事長，持續營運管理「失落戀花園」數位平台，集結心理師及醫師上架衛教或心理健康自助課程，期望透過更多不同的管道陪伴更廣泛的族群。

譚所長與李副所長以蛹羽化成蝴蝶之過程比擬人生，當毛毛蟲在蛹裡是完全漆黑的，但牠並非默默的在黑暗中等待，而是分泌各種酶來溶解自己的組織，轉變成養分衝破保護自己的繭，能量再一點一滴地集中到翅膀上完成羽化，蛻變成翩翩飛舞、鮮豔美麗的蝴蝶，這也就是為什麼要命名為「蛹之生」的緣故，儘管人生中總會有遇到黑暗的時候，蛹之生並不是要給個案帶來快樂、迎向陽光，而是陪伴個案在黑暗中找到自己的養分及力量。

與國防部合作共同守護國軍心理健康

#B | 蛹之生心理諮商所

商業模式圖 BMC

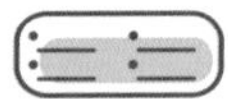

重要合作

（以上非全部合作單位）

- 公部門機構
  高等法院臺中分院
  國防部
  衛生福利部
  教育部國教署
  勞動部勞動署中彰投分署
  社會局
  南投縣政府
  臺中市家防中心
  台中社工師公會
  伊甸基金會
  犯罪被害人保護協會
  天使心基金會等
- 企業單位
  順德工業股份有限公司
  遊戲橘子數位（股）
  易科德室內裝修工程（股）
  台灣佳能（股）
  和鼎律師事務所
  新譽管理有限公司
  今網智慧科技（股）
  中部汽車（股）

關鍵服務

- 個別諮商
- 伴侶家庭諮商
- 兒童遊戲治療
- 企業員工協助方案
- 大眾心理健康講座
- 線上晤談

核心資源

- 諮商心理師
- 臨床心理師
- 心理協談員
- 社工師
- 社工員
- 專業顧問

價值主張

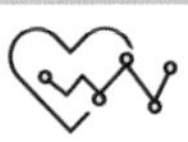

- 期盼陪伴當事人覺察與整合自性，解決生命議題，發展自我優勢潛質。

顧客關係

- 需要主動
- 個人協助

渠道通路

- 實體場館
- 官方網站
- Facebook
- 線上晤談
- 數位平台

客戶群體

- 有心理壓力遇到關係問題的個人、伴侶與家庭
- 需要心理健康促進策略或執行協助
- 需要員工協助方案的政府單位及企業單位

成本結構

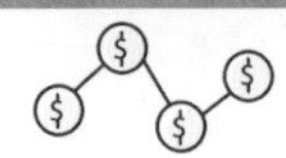

人事成本、場地租金

收益來源

- 諮商費用
- 講座費用

#C 創業筆記 TIP

- 創業除了發展自己的專長之外，也需要做許多行政庶務等耗心力的事，而被壓縮專業執行之時間，在創業前亦須有所考量。

- 許多產業可能長期被大眾汙名化，應該共同努力讓大眾了解產業的內容，並尊重各領域產業人士的專業度。

-
-
-
-
-
-
-

#D 影音專訪 LIVE

高銘診所長照服務

你的餘生我包了，放心把自己交給我

王榮輝，高銘診所院長。醫師生涯長達數十年，一生懸壺濟世的他於政府委託下前往大安開設長照據點，便這樣意外開啟創業之路，高銘診所是一間結合長照服務的醫療機構，目前於台中大安設有高銘診所小太陽長照生活館之長照 A 據點。

1. 107 年大安區長照生活館開幕 - 大甲鎮瀾宮董事長顏清標先生蒞臨指導
2. 107 年大安區長照生活館開幕合影
3. 與 BPW 大台中分會合作大安港淨灘活動
4. 高銘診所居家醫療訪視 - 獨老關懷

誤打誤撞啟動的一切

創業前的王榮輝居住在沙鹿地區，他於當地開了一間小小的診所，這一晃眼二三十載便過去了，原以為會這樣安然度過一生，從天而降的委託將王榮輝的人生轉了個大彎。

身為醫師公會常務理事的王榮輝從理事長口中得知，台中市政府正在委託醫療機構前往偏鄉設立長照據點，然而設立據點耗神又耗錢，大部分的機構對這份苦差意願並不高，理事長對此可說是相當懊惱，與理事長私交甚篤的王榮輝見狀默默開口：「不然我來吧。」於是便這樣，王榮輝奉理事長之命前往大安地區設立長照 A 級單位社區整合型服務中心。

強烈個人色彩的機構

所謂的 A 級社區整合型服務中心是長照 2.0 計畫底下的三分支之一，同時也是其中規模最大的中心，功能包括建立在地化服務輸送體系，整合與銜接Ｂ級與Ｃ級資源等，其設立資格並不難入門，舉凡社工、護理、醫務人員皆可自行申辦，但由於所需花費成本極高，目前台灣的 A 據點數量整體仍偏少，王榮輝擔下的便是這般困難的挑戰。

長照據點由於承辦單位各異，每個中心的特色亦有許多不同，王榮輝本身是醫師，因此他打算以醫療內容作為主導方向，為追求服務品質，他特別聘請資深護理長、職能治療師、居服督導來擔任個案管理師，從各方面挖掘長者需求，進而客製化最適合每位長者的服務。

冰冷的人心，用愛溶下防備

王榮輝表示自己從沒去過大安，到了當地後才發現同樣是台中天氣卻是兩樣情，大安夏季十分炎熱，冬季則是刺骨般寒冷，創業初期王榮輝花了好一段時間才適應當地的氣候，然而這絲毫沒有阻擋他設立據點的腳步，當時一確定接任委託，王榮輝便開始以自己手邊的人脈尋找設立據點的店面，並連結許多在地資源，如村里幹事、市政機構才順利開業。

然而據點開張後，王榮輝發現真正的困難從現在才開始，比起資金、開發、營運，「人」才是最艱辛的一關。台灣長者觀念普遍守舊，對於長

1. 高銘診所居家醫療訪視
2. 高銘診所長照生活館執行長莊瓊瑤
3. 社區長照宣導活動（大安區永安里）
4. 社區長照宣導活動（沙鹿區鹿寮里）
5. 社區長照宣導活動（沙鹿區鹿鳴公園）
6. 與 BPW 大台中分會合作端午節送米送油送暖活動
7. 與華山基金會合作 - 社區關懷服務

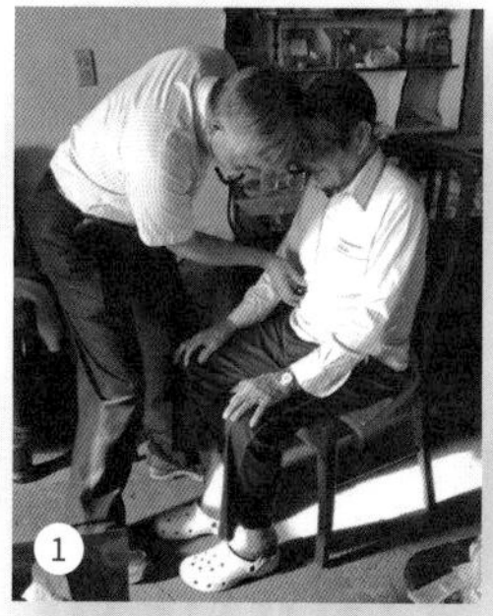

照、喘息服務等的概念並不普及，面對他人無端的協助大多的第一反應盡是：「你想幹嘛？」「你是不是想騙我的錢？」，對這般現況王榮輝有百般無奈，他並不是責怪那些長輩，而是對於幫不上忙的現況感到無力，儘管吃了無數的閉門羹，甚至是冷嘲熱諷，王榮輝的志向始終很明確——幫助需要幫助的人——，他不厭其煩地登門拜訪每位個案，並偕同鄰里的力量攻堅長者高築的心防，愛心與耐心兩力夾攻，許多個案漸漸地敞開心房接受高銘診所長照服務的協助。

王榮輝分享其中一位個案的經歷，個案是一名八十多歲步履蹣跚的老太太，第一次拜訪時，老太太臉色蒼白、兩眼渙散，看起來一丁點活力都沒好，眼尖的王榮輝發現擺在角落的一架鋼琴，他藉此打開話題問：「這是誰在彈的啊？是孫子嗎？」，沒想到本來病懨懨的老太太一聽到鋼琴二字瞬間神采飛揚，欣喜地應道：「是我啊，先生你要唱什麼，我來幫你伴奏吧！」王榮輝登時愣了半下，但他知道這是與個案建立連結的好機會，於是他乾脆地放下害臊，宏聲與老太太一人唱、一人合奏，很快地歡樂時光進入尾聲，王榮輝離開之際，個案還興高彩烈地與他相約下次會面，王榮輝看著活力十足的長者，心裡有說不盡的感動。便是種種正向回饋讓王榮輝總能在創業路上堅持下去，即便過程崎嶇、未來還有許多待克服的挑戰，只要能幫得上忙，他便會不遺餘力。

不短視近利，目光放遠

長照產業的盈利並不能以短期數字做為評估，長照賣的是「服務」是「口碑」，所有個案的家屬、好友，或應該說每個人，終有一天都會面臨年齡漸長、生理機能每況愈下的情形，因此王榮輝認為把每個個案照護好，便是最強而有力的行銷。他表示自己算是相當幸運，由於非常早期就參與在長照計畫內，王榮輝對長照相關企劃如數家珍，加上目前政策方針將健保制度與長照兩者銜接為一，在推動服務項目上相對容易許多，高銘診所長照服務搭上這波順風車，現階段已成為台中地區頗具規模的照護機構。

王榮輝計畫日後將繼續擴充服務線，增設日間照顧、C 據點、護理之家等服務；王榮輝深知一個人能成就的事有限，一代霸主如秦始皇也不是單靠隻身便打下江山，因此他呼聲招募有愛心、有專業的人才一同加入團隊，王榮輝補充即使沒有醫療背景，有意願的民眾也可以從居服員做起，累積經驗後一樣可以獲得申辦據點。王榮輝期許高銘診所長照服務能夠穩定成長，未來能夠幫助更多長者、造福更多社會大眾。

高銘診所長照服務
商業模式圖 BMC

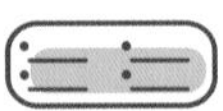

重要合作

- 政府機構
- 公家機關
- 長照據點
- 社區鄰里幹事
- 社福機構

關鍵服務

- 照顧服務
- 專業服務
- 交通接送
- 輔具 & 居家無障礙環境改善
- 喘息服務

核心資源

- 醫療背景
- 醫師公會夥伴

價值主張

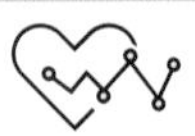

- 結合各專業人員視角，提供能滿足被照護者需求的優質服務。

顧客關係

- 主動尋找客戶
- 極致呵護
- 用心聆聽

渠道通路

- 實體據點
- 社群平台

客戶群體

- 銀髮族
- 失能者
- 家庭照顧者

成本結構

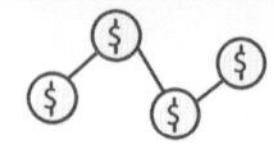

營運成本、教育訓練、水電開銷、人事支出

收益來源

- 照顧費用

#C 創業筆記 TIP

- 設定公司目標，網羅契合人才。
- 站穩市場利基點，發揮優勢。
-
-
-
-
-
-
-
-
-

#D 影音專訪 LIVE

安然居健康整合有限公司

Energy life－你值得更好的生活

陳聖杰，安然居健康整合有限公司執行總監。從小受父親影響，陳聖杰自幼便懷著創業的夢想，畢業後的他從自身專業——職能治療——出發，累積相關經驗，最後創立安然居，主打長照居服系統，致力回饋世人。

康復者 - 生活訓練 - 元宵搓湯圓

心中堅持的執著

陳聖杰的父親是一位中醫師，工作幾年後便自立門戶創業，奮力的身影看在幼時的陳聖杰眼裡，父親儼然是集強大於一身的英雄，同時也讓陳聖杰對創業產生強烈的憧憬。長大後的陳聖杰主修職能治療系，該系所當時在台灣算是相當冷門，也不是陳聖杰心目中第一首選，雖說是誤打誤撞闖進職能治療界，但隨著深入學習與瞭解，陳聖杰發現該產業意外地具有潛力，且能實質有效地回饋社會。

認真完成學業的陳聖杰並沒有忘記心中的宿願——創業，一開始沒有特地想法的陳聖杰在職能治療界看見方向，畢業後的他考取職能治療師證照，但陳聖杰並沒有馬上創業，一方面是想累積足夠的實務經驗，另一方面則是衛生局核發開業的低標也至少需要五年資歷，時光匆匆流逝，23 歲這一年的陳聖杰正式踏上創業路。

註：職能治療（英語：Occupational Therapy 簡稱 OT），是一種使用特定活動，從而協助、恢復、治癒個案身體或精神、心理上各式疾病的學科。職能治療以目的導向的方式來治療及維持病者生理上、心理上的健康，或減緩病患在發展障礙或社會功能上障礙對他們的影響，使他們能獲得最大的生活獨立性。

做好準備，全力出擊

陳聖杰於五年內積極精進自我，服務過大大小小的族群，特別的是，他亦接觸過許多精神康復者，所謂的精神康復者指的是患有精神疾病的人們，由於康復者的反應與情況相對不穩定，治療師接案的意願通常較低，在產業中資源屬最缺乏，分配排序也老是墊後，陳聖杰卻反其道而行，他認為精神康復者更需要得到相應的照護，為此他悉心對待每個個案，觀察、發掘他們真正的需求，力求給予品質最好的服務。

充實、忙碌的實務生活轉眼間就來到了第五年，此時的陳聖杰早已不是初入社會的少年，在時間

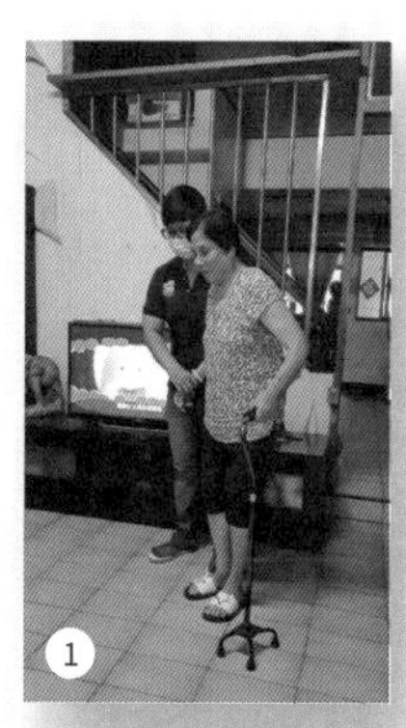

1. 長照居家服務 - 環境移位協助
2.5. 活動空間
3. 長照居家復能 - 指導長者爬樓梯
4. 長照居家復能 - 輔具操作指導
6. 康復者 - 生活訓練 - 年節寫春聯

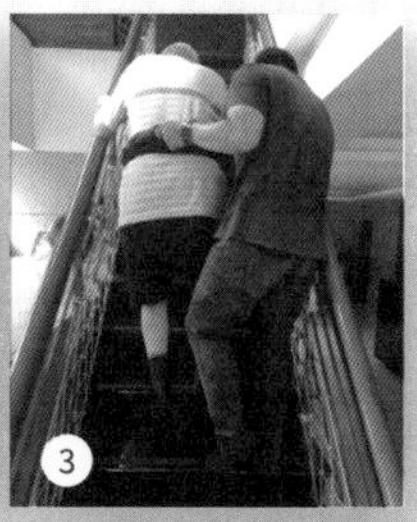

的淬煉下，他蛻變為一位成熟且能夠獨當一面的治療師。完成五年目標的陳聖杰從沒忘記過自己許下的願景，他集結志同道合的職能師，以台中為中心，於 2020 年 6 月份創立安然居健康整合有限公司。

以專業出發，用心照顧每個人

安然居健康整合有限公司服務項目為長照面向，依照政府派案前往個案家中提供服務。現行法規的長照 2.0 將機構劃分為 A、B、C 三個等級，A：旗艦店 (如基金會等大型機構)，B：專賣店 (醫事機構、社工師事務所等專業機構)C：柑仔店 (鄰里中心等小型中心)，安然居屬於 B 等，其案主來源是先由政府提供個案名單予 A 等旗艦店，其再按照個案申請服務項目交於安然居或其他適合的機構。

於現行政策下，長照產業百家爭鳴，光是台中地區便有六百多家相似機關，更不用提 A 等旗艦店擁有的龐大資源，難以突破的市場壁壘，陳聖杰選擇回歸專業。安然居主打利用專業技能，給予個案所需幫助，即使金錢、人脈可能不如他人，但陳聖杰對於專業有著不會輸的自信。除此之外，陳聖杰也相當重視服務品質，長照產業不如一般企業有具現可見的商品，長照的商品就是——服務本身——，服務是抽象的，並沒有辦法透過販售得到數據，所謂的服務是感受、感情，雖然許多個案對於照護人員皆不是太友善，但陳聖杰仍堅持職員創造正向互動，之所以能夠如此體恤人心，全得歸功於那五年的實務經驗，他很清楚個案對於照護人員的排斥，許多個案並不是自願接受照護，而是家屬基於擔憂申請相關服務，對個案來說照護人員再怎麼專業終究是個外人，更不用提身患疾病的個案，情緒更容易產生波動，為此他教育員工避免與個案直接起衝突，善用溝通與聆聽來解決個案需求。專業加上服務，安然居成功地打出名聲，成為業界首肯的治療機構。

醫療型態大洗牌，趕上轉換潮

陳聖杰表示目前安然居會主力於長照產業，企業體穩定後將會實行下一階段的計劃——預防醫學生活化——，多年身處醫療相關產業的陳聖杰發現市場正興起一陣名為預防醫學的風潮，該意識正在逐年提高，陳聖杰對此相當樂見，他認為所謂的治療並不單單只限於「病患」、「個案」，而是應該提供給每一個人、每一個地方，可能是家庭、可能是企業，像是於公司午休時段提供諮詢服務、設計減壓活動等，陳聖杰未來將朝著該企劃前進，用他的方式來幫助、回饋更多的民眾。

一路走來，陳聖杰始終心懷回饋世人的願景。從一開始對創業單純的憧憬，到深入產業看見問題產生的使命感，種種歷程累積出巨大的夢想能量並守護著他於路途中前行，不論遭遇了多少苦難、挫折，陳聖杰都仍抬頭挺胸、浩浩蕩蕩地向著目標奔去。

安然居健康整合有限公司

商業模式圖 BMC

重要合作

- 政府機關

關鍵服務

- 職能治療
- 喘息服務

核心資源

- 醫療背景
- 專業團隊

價值主張

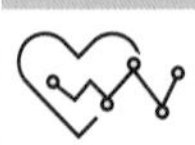

- 提供專業服務，幫助個案重建身心靈健康。

顧客關係

- 客戶自找上門

渠道通路

- 實體據點

客戶群體

- 銀髮族
- 精神官能者
- 殘疾人士
- 病患

成本結構

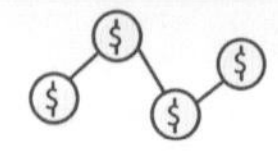

營運費用、人事成本、水電支出、交通開銷

收益來源

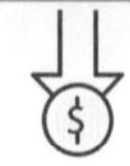

政府派案

#C 創業筆記 TIP

- 做足前期規劃，明確設立目標。
- 找出企業優勢，利用特性區隔市場。
-
-
-
-
-
-
-
-
-

#D 影音專訪 LIVE

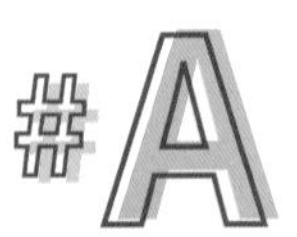

安妮詩生命美學團隊

好聚好散，保留記憶裡的容顏

郭璋成，安妮詩生命美學團隊創辦人。半頭白髮的郭璋成進入殯葬產業已十餘年，對於服務的產業他總是心懷：「留給死者最後的尊嚴。」為了追求更人性化的亡者服務，他一腳踏入遺體修復，落實物理、心理上的悲傷療慰。

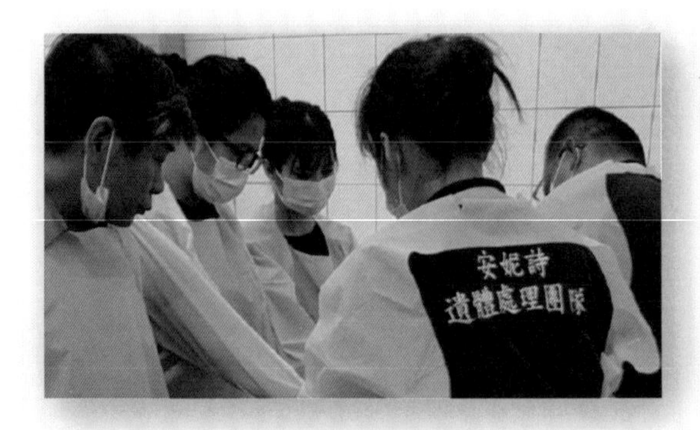

安妮詩生命美學團隊工作中

生者與死者

作為殯葬業者的郭璋成一生見證過無數場死亡，他對喪葬流程駕輕就熟，然而不論世代如何變遷，葬禮挾帶的沉重悲傷絲毫未變；於服務多年間，他認知到人死亡後的遺體變化相當驚人，根據死亡原因、死亡時間狀況皆有所不同，許多意外身亡的遺體更是損毀得不忍直視，郭璋成不禁心想：

「每個人都會死，何不如留一張美好的容顏與這世界告別？」

台灣許多傳統殯葬業者會在家屬面前更換遺體衣物，或並沒有將死者同樣視為「人」看待，郭璋成認為留給死者最後的尊嚴不該只是空喊口號，為此他開創「安妮詩生命美學團隊」以遺體修復為主要服務項目，以一己之力透過實際行動落實理念。

你所不知道的遺體學

人死亡後的身軀所產生的變化比常人想像得大上許多，由於生理機能停擺，軀幹將脫水、失去彈性因而膚色也會不停改變，另外根據死因遺體也會產生不一變化，例如因心血管疾病離世的大體臉部會呈現深黑色等；目前台灣近九成的殯葬業者皆會以「冷凍」方式放置遺體，因此真正舉辦喪禮的時候還要額外加上「退冰」這道工序，種種繁瑣變因下，許多家屬所看見的容貌已經與死者本身不盡相同。

然而，這對家長跟死者都是真正意義上的「最後一面」，倘若連最後一面都不能見到最接近真實的樣貌，那豈不是一件再悲傷不過的事了嗎？為此郭璋成深入研究遺體修復醫學，希望能夠在最大範圍內還原亡者面貌。

遺體修復學實則是門綜合性科學，其涉及法醫學、解剖學、特效化妝學、美容學、遺體雕塑學等相關專精領域，為習得 know-how 郭璋成著實煞費苦心，在實務與理論雙頭進行下才慢慢養出敏銳的行業直覺。

完整零星的碎屑

郭璋成表示視個案情況不同，遺體修復難度也會有所不同；他舉驚駭世人的華山分屍案為例，該屍體被殘忍支解，發現時間亦較晚，如要重現死者原貌需耗費相當大的工程，首先得先消除異味，再來要重建骨架、縫合傷口……歷經重重關卡才能逐步拼湊出亡者模樣。郭璋成補充，人體構造其實相當精密，光是大腦就有分顏面骨、顱骨兩部分連結，若對骨架不甚了解，根本無從著手起。

即便取得生理構造的知識，遺體修復仍有一大難點：如何在從未接觸過對方的前提下還原相貌？安妮詩生命美學團隊的做法是向家屬索取乙張死者生前正面照，並以圖檔為準，盡力恢復成其至少 70%-80% 的樣貌；然而光是正面照肉眼能及的肌肉紋路其實並不足以完整重現外貌，團隊同時須模擬出側面紋路以呈現最接近真實情況的五官。總體而言，遺體修復除了熟讀學識亦得透過數年經驗累積、不間斷的練習才能達到成爐火純青的境界，郭璋成走了四年才達到。

名為否認的悲傷

面對死亡，人們總是避之唯恐不及，即使每個人都深知：「人終將一死。」的道理，真正能夠坦然看待的人卻是少之又少，而身處殯葬業十餘載的郭璋成對此感觸特別深，他看過無數雙盈滿悲傷的雙眼、崩潰哭泣的身軀，他明白人們在死亡面前顯得有多麼脆弱。

郭璋成分享多年前的一個個案：一名高中女生出門上學途中意外車禍身亡，單親家庭的她與父親相依為命，得知消息的父親趕赴現場後看見躺在地板上冰冷的屍體只淡淡地說：「這地方很冷，不要讓妹妹躺太久。」父親望向女兒眼神只有無盡的黑洞，即便在整個殯葬過程中他亦沒有太多的起伏，只是像個局外人旁觀一切發生，郭璋成將這種反應稱為「死亡否定」意旨個體並沒有接受對方死亡的事實，佯裝一切正常的自我保護機制。然而，遺體修復完成後仍免不了請家屬過目的程序，郭璋成當時站在死者父親身側輕柔地開口：「爸爸請你跟妹妹說聲：『我會好好照顧自己』」隨後遞出修復後的遺體照，死者父親接手過後，不過數秒間便大哭起來，只見一個身形壯碩的中年人跪坐在地板涕泗縱橫，並不斷低喃：「妹妹在睡覺……妹妹只是睡著了……」一旁的郭璋成不禁跟著鼻酸，他並無法感同身受對方的痛苦，但他能做的便是通過修復死者面貌來減輕生者的悲慟。

安妮詩生命美學團隊的標語是：「撫生者之心，安亡者之靈；生與死兩相安」簡單三句話卻道盡郭璋成畢生心願。死亡是不可逆的，亡者已逝，生者則必須帶著傷痛繼續活在世界，「再看自己所愛的人一眼。」這件事所挾帶的影響力比人們能想像得大上許多，比起破碎、毀損後的容顏，記憶中若能留下對方一張素淨、安詳的臉蛋將會為家屬、親友、任何記得亡者的人帶來莫大的安慰，郭璋成透過還原生者原貌賦予陰陽兩隔的雙方最美好的最後一面，貫徹還給死者尊嚴、還給生者自由的初心

安妮詩生命美學團隊合照

#B | 安妮詩生命美學團隊

商業模式圖 BMC

重要合作

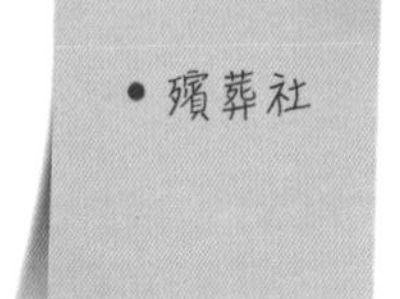

關鍵服務

- 遺體修復
- 辦理講座

核心資源

- 殯葬行業經驗
- 專業學科知識

價值主張

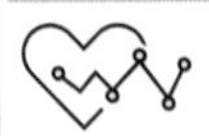

- 以遺體修復為死者盡最後一份心力，並力求療傷生者痛楚。

顧客關係

- 給予關懷尊重
- 雙邊互動

渠道通路

- 社群平台

客戶群體

- 亡者家屬

成本結構

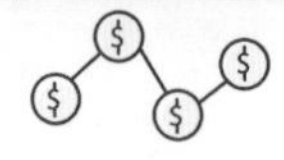

營運成本、化妝材料採購、人事成本、進修費用

收益來源

服務收費、授課費用

#C 創業筆記 TIP

- 探究創業標的，深耕播下苦果靜待花開。
- 深入研究產學知識，方能提供優質服務。
-
-
-
-
-
-
-
-
-

#D 影音專訪 LIVE

獨角，
我創業
UNIKORN
UNIKORN
UNIKORN
UNIKORN

TAIWAN
獨角，
我創業
UNIKORN
UNIKORN
UNIKORN
UNIKORN

獨角，
我創

TAIWAN
獨角，
我創業

TAIWAN
我獨
創角
業，
UNIKORN
UNIKORN

UBC

業，
UNIKORN
UNIKORN
UNIKORN

Startup Island
TAIWAN
我獨
角

Startup Island
TAIWAN
我獨
創角
業，
UNIKORN
UNIKORN
UNIKORN
UNIKORN

McDonald's | BMC（範例）

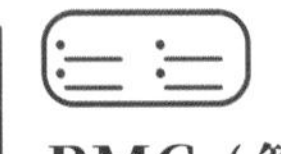

重要合作

- Dawn Meats
- Coca Cola

關鍵服務

- 財團法人麥當勞叔叔之家慈善基金會
- 販賣食物及飲料

核心資源

- 職員
- 獨有文化
- Ray Kroc's 三腳蹬原理

價值主張

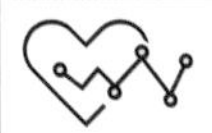

- 便宜、快速、便利的享用餐點。
- 提供多種不同組合的餐點。
- 提供有趣的速食給小孩。

顧客關係

- 建立信任
- 公開透明

渠道通路

- 連鎖餐廳
- 大眾運輸轉運站
- 社群軟體

客戶群體

- 青少年
- 學生
- 雙薪家庭
- 素食主義者

成本結構

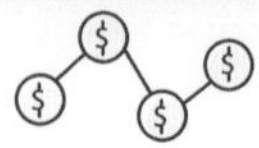

食材、行銷 & 開發、租金、人事成本

收益來源

- 產品售出收益

我創業，我獨角（練習）

設計用於 ____________ 設計人 ____________ 日期 ____________ 版本 ____________

重要合作

關鍵服務

核心資源

價值主張

顧客關係

渠道通路

客戶群體

成本結構

收益來源

更多創業故事訪談

SCAN ME
愛蔓延社會企業
金田居家長照機構
美丘美朮
樂石文化創意有限公司
米菲美學
23 度房屋管家
淘器花藝工作室
植物方塊（康丞有限公司）
台灣雲豹股份有限公司
菁饌生技股份有限公司
黑木耳美食專賣・柯媽媽の植物燕窩
妍・花藝工作室
幸福五十有限公司
五目國際餐飲有限公司
芯符股份有限公司
A Life 好 . 生活整合國際旅宿
Beseye 雲守護安控股份有限公司
月池股份有限公司
簡單保養化粧品有限公司
Cuppa VV Cafe
沁木手作工作室
鱷魚廚房
愛彼國際化妝品（股）公司
老妹的灶下有限公司

SCAN ME
阿丹旅遊
二八樹巷旅宿
微醺農場
明日智醫
宜恩生命禮儀有限公司
露娜雅拉有限公司
Pizzeria L'angolo
Joy to Know 就去學
葉綠宿旅館
動心國際股份有限公司
富立克服飾
由本室油飯
鑫銳擊劍運動中心
天眼衛星科技（股）公司
百杜智慧驗偽股份有限公司
奧菈個人藝術室
快樂島股份有限公司
群籠之首手工小籠包
小惡魔雪莉貝爾創意冰品、甜點
DOUZO どうぞ
三光非營利幼兒園
八度音萌犬表演團
照揚物理治療所
朝露魚舖觀光工廠
Sunny 旅遊趣
巧手本舖 WENWENWORKS
聖安生命禮儀公司

關於這本書的誕生

我們邀請到「我創業我獨角」的發行人 Andy 及總監 Bella 來訪談這次書籍的起源，以及未來獨角傳媒的走向。
(Andy 以下簡稱 A，Bella 簡稱 B，採訪編輯 Flora 簡稱 F)

F: 為什麼會想做獨角傳媒?

A：我們創辦享時空間，以共享的概念做為發想，期望能創立讓創業家舒適的環境，也想翻轉傳統對於辦公室租借封閉和沉悶的印象，而獨角傳媒是以未來可以獨立運行為前提的一個新創事業群。

B：進駐空間的客戶以創業者和個人工作室為主，我們發現有許多優秀的企業家，他們的故事都很值得被看見，很多企業的商品、服務以及他們的創立初衷都很精采。中小企業是台灣經濟的支柱，有很多優秀的新創團隊也正在萌芽，獨角傳媒事業群因此而誕生。

A：就像Bella說的，目前傳統媒體看到的都是大型企業甚是上市櫃公司企業家的報導，但在那之前每一家初創企業從0到1到100看到的更是精實創業的創業家精神，而獨角的創業家精神，就是讓每一位正走在0到1到100階段的創業家，都能成為新媒體的主角，也正如我們創辦享時空間的初衷就是讓創業者可以幫助創業者。

B：Andy就像是船長一樣，會帶領我們應該要去的方向，這讓我們很有安心感，也清晰自己的目標，我們要協助台灣創造出更多的企業獨角獸。

F: 為何會以出版業為主?在許多人認為這已經是夕陽產業的這個時期?

A：我們認為書籍的優勢現在還不容易被其他媒材取代，專業度、信任感以及長尾效應，喜歡翻閱紙本書籍的人也大有人在，市面上也確實有各種類的創業書籍持續在出版，因此我們認為前景相當可行。

B：因為夕陽無限好(笑)，就如同Andy哥所說，書籍的優勢以及書本特有的溫度，其實看書的人不如想像中的少，當然為了與時俱進，我們同步以電子書和紙本書籍在誠品金石堂等等通路上架，包含製作了網站預購頁面，還有線上直播，整合線上線下的優勢，希望以更多元的型態，將價值呈現給大家。

F: 做了業界唯一的直播創業故事，這個發想怎麼來的?

A：先把價值做到，客戶來到空間受訪，感受到我們對採訪的用心和專業，以及這本書籍的價值和未來預期的收穫讓企業家親自感受。

B：過程的演變當然是循序漸進的，一開始的模式跟現在完全不同！經過一次又一次的修改，發現像廣播室或是帶狀節目的型態很適合我們想傳達的內容，因此才有這樣的創業心路歷程的直播。

F: 過程中有遇到什麼困難?

A：一開始也會有質疑聲浪，也嘗試了很多種方法，過程需要快速調整。但我們仍有信心獨角傳媒會變得越來越強大，獨角聚也是我們很期待的商業聚會，企業家們能夠從中找到能夠合作的對象，或有更多擴展自己事業版圖的機會。

B：書籍的籌備需要企業家共同協助，這過程很不容易，每個人都是很重要的，因為業界有許多不同型態的創業書籍，做全新的模式，許多人一開始不瞭解會誤解我們，透過不斷的調整，希望能跳脫過去大家對於書籍廣告認購模式的想法。

F：希望透過這件事情，傳遞什麼訊息?

A：讓對於創業有熱情有想法的年輕人可以獲得更多資源協助，也能夠讓更多人瞭解商業模式的架構與內容。

B：提供不同面向的價值，像是我們與環保團體合作為地球盡一份心力，想告訴讀者獨角這家企業出版的成品除了分享，還有很高的附加價值。台灣有很多很棒的企業故事，企業的前期很需要被看見的機會，因此我們創造這樣的平台協助他們。以消費者的角度，我們也希望購買書籍的人能夠透過這些故事得到更多啟發和刺激，有新的創意發想，幫助想創業的朋友少走一些冤枉路。

F: 那對於我創業我獨角的系列書籍，有甚麼樣的期許呢?

A：成為穩定出版的刊物，未來一個月一本的方式，計畫做到訂閱制的期刊。

B：一定要不斷的進化，每一次都要做得比之前更好，目前我們已經專訪過上百家企業，並且現在以指數成長，當大家更認識獨角傳媒以及我獨角我創業系列書籍，就可以更有影響力，讓更多有價值的內容透過獨角傳媒發光發熱。

UBC獨角聚

UNIKORN BUSINESS CLUB

台灣在首次發布的「國家創業環境指數」排名全球第 4，表現相當優異，代表台灣的新創能力相當具有競爭力，我們應該對自己更有信心。當看見國家新創品牌 Startup Island TAIWAN 誕生，透過政府與民間共同攜手合作，將國家新創品牌推向全球的同時，我們也同樣在民間投入了推動力量，促成 Next Taiwan Startup 媒體品牌，除了透過『我創業我獨角』系列書籍，將台灣創業的故事記錄下來，我們更進一步催生了『UBC 獨角聚商務俱樂部』，透過每一期的新書發表會的同時，讓每一期收錄創業故事的創業家們可以齊聚一堂，除了一起見證書籍上市的喜悅外，也能讓所有的企業主能夠透過彼此的交流，激盪出不同的合作契機，未來每一期的新書發表，也代表每一場獨角聚的商機，相信不是獨角不聚頭，最佳的商業夥伴盡在獨角聚，未來讓我們一期一會，從台灣攜手走向全世界。

Next Taiwan Startup
品牌故事與願景

獨角傳媒以紀錄、分享各大行業的奮鬥史為企業使命，每一季遴選 200 家具有潛力的企業品牌參與創業故事專訪報導，提供創業家一個立足台灣、放眼全球的新媒體平台，希望將台灣品牌推向全球，協助創業家站上國際舞台。截至 2021 年 9 月，歷時四個季度，已遴選累積近 1000 位台灣創業家完成企業專訪，將企業的創業故事及心路歷程，透過新媒體推送至全球各大主流影音媒體平台，讓國際看見台灣人拚搏努力的創業家精神。

獨角傳媒總監 羅芷羚表示：「近期政府為強化臺灣新創的國際知名度，國家發展委員會（簡稱國發會）在國家新創品牌 Startup Island TAIWAN 的基礎上，進一步推動 NEXT BIG 新創明日之星計畫，經由新創社群及業界領袖共同推薦 9 家指標型新創成為 NEXT BIG 典範代表，讓國際看到我國源源不絕的創業能量，帶動臺灣以 Startup Island TAIWAN 之姿站上世界舞台。」

獨角傳媒總監 羅芷羚補充：「全台企業有 98% 是由中小企業所組成的，除了政府努力推動領頭企業躍身國際外，我們是不是也能為台灣在地企業做出貢獻，有鑒於在台創業失敗率極高，如果政府和民間共同攜手努力，相信能幫助更多台灣的創業家多走一哩路。」

因而打造全新一季的台灣在地企業專訪媒體形象「NEXT TAIWAN STARTUP」，盼能透過百位線上專訪主播的計劃，發掘更多台灣在地的創業故事紀錄，並透過此計畫，分享更多台灣百年的企業品牌的創業經驗傳承。獨角以為專訪並非大型或領先企業的專利，「NEXT TAIWAN STARTUP」媒體形象，代表是台灣在地的創業家精神，無關品牌新舊大小，無論時代如何，總會有一位又一位的台灣創業家，以初心出發傾力讓這個世界變得更好，而每一個創業家的起心動念都值得被更多人看見。

一書一樹簡介

One Book One Tree 你買一本書 | 我種一棵樹

為什麼推動計畫？文化出版與地球環境共生

你知道，在台灣大家都習慣在有折扣條件下買書，有很多書體書店和出版社，正在消失嗎？UniKorn正推動ONE BOOK ONE TREE | 一書一樹計畫 – **你買一本原價書，我為你種一棵樹**。我們鼓勵您透過買原價書來支持書店和出版社，我們也邀請更多書店和出版社一起加入這個計畫。

我們的合作夥伴 “One Tree Planted”是國際非營利綠色慈善組織，致力於全球的造林事業。One Tree Planted的造林項目在自然災害和森林砍伐後重建森林。這不僅有益於自然和氣候，還直接影響到受影響地區的人。

為什麼選擇植樹造林?

應對氣候變化和減低碳排放量，植樹一直是減少全球碳排放的最佳方法之一。普通的成熟年齡樹木每年能夠阻隔48磅碳。隨著全球森林砍伐的繼續，我們的植樹造林項目正在種植樹木，這些樹木將為我們淨化未來幾年的空氣，讓我們能繼續呼吸。

每預購1本原價書，我們就為你在地球種1棵樹。

一本書，可以種下一粒夢想 | 一棵樹，可以開始一片森林

立即預購支持愛地球

獨角商業模式圖

重要合作

- 享時空間七期概念館(專訪)
- 閻維浩律所(著作權)
- 白象文化(總經銷)
- 1shop. tw (預購網站)
- 創業者聯盟(商務平台)

關鍵服務

- 創業專訪邀約
- 影音平台內容製作
- 網路預購宣傳
- UBC獨角聚

核心資源

- FB LIVE / IGTV / YouTube 愛奇藝/Spotify.com/Google Podcast/Apple Podcast / KKBOX 等20多個影音平台全球首發聯播

價值主張

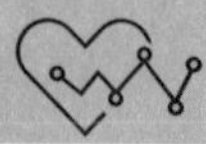

- 獨角文化是全台灣第一個以群眾預購力量，專訪紀錄創業故事集結成冊出版的共享平台。我們深信每一位創業家，都是自己品牌的主角，有更多的創業故事與夢想，值得被看見。獨角文化為創業者發聲，我們從採訪、攝影、撰文、印刷到行銷通路皆不收取任何費用。你可以透過預購書的方式化為支持這些創業故事，你的名與留言也會一起紀錄在本書中。

顧客關係

- 一般讀者預購支持參與一書一樹植樹活動
- 客戶的支持者預購留言同步收錄書中
- 客戶的廠商預購可獲得企業專訪

渠道通路

- UNIKORN.CC官方網站
- LINE@官方帳戶
- Facebook官方粉絲團
- LINE社群
- Facebook社團

客戶群體

- 新創公司
- 創辦人
- 企業家
- 二代接班
- 經理人
- 主理人

成本結構

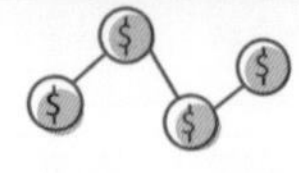

企業邀約、創業專訪、影音製作、書籍設計/內容製作、印刷出版、銷售宅配

收益來源

預購及出版後的銷售額/客戶的庫存預購銷售額

客製化版本(封面、書腰、內文版面)

UBC活動入場費用(一次性、訂閱制)

Explore
License
Upload
The best free stock photos & videos shared by talented creators.
Search for free photos and videos

總監：羅芷羚 / Bella

職場多工高核心處理器功能，善於分配人力跟資源，喜歡旅遊跟傳遞美好的事物

大事到公司決策會議，小事到心靈 spa 溝通。

把對的人放在對的位置，也可以隨時補上任何角色！挑戰人生實現夢想。

「你們要先求祂的國，和祂的義，這些東西都要加給你們了。」(Matt 6:33)

IT 部門：李孟蓉 / Gina

被說奇怪會很開心的水瓶座

將創業家的故事以時下流行的直播方式作為曝光，並以各種影音形式上傳至各大平台，將各個創業心路歷程及品牌向全世界宣傳。

(心聲：整天關注並祈求點閱率提高…)

美術編輯：許惠雯 / Dory / 一隻魚

強迫症魔羯座，專長睡覺

豐富文章的視覺，讓更多人閱讀到創業背後的酸甜苦辣。

今天和文編也是和平的一天 (｡ì _ í｡)

發行：Andy Liao

連續創業尚未出場 / 創業 15 年 / 奉行精實創業法 / 愛畫商業模式圖

鼓勵每個人一生都要創業一次，夢想 10 年後和女兒 NiNi 一起創業。

「我靠著那加給我力量的，凡事都能做。」(Phil 4:13)

文字編輯：胡秀娟 (｡･ω･｡)ﾉ / Hazel / 芋泥貓星人

夢想有朝一日能回芋泥星。暴走時會吐出哇沙比泡泡

立志掏空公司零食櫃 (進度 3.14159/10000)。

隱藏職業：你給我閉嘴溝通師。

近來遷入「編輯部」國擔任國務卿主打食物外交。

寫簡介當下放著咚咚咚的音樂呦油又。

文字編輯：蔡孟璇 / Lamber

水瓶座，喜歡攝影、看球賽、看歐巴 (*´∀`*)

擼貓是下班日常但貓不理╮(╯_╰)╭

負責架設採訪及直播器材，並將創業者感動人心的故事撰寫成文章。

每天努力維持跟美編和平相處團結合作。

採訪規劃師：吳淑惠 / Sandy

兼具太陽～射手座及月亮～雙魚座的矛盾衝突特質

喜歡美的事物，包含品嚐美食，工作上自我要求完美（尤其是績效）

為企業主規劃提供專屬的購書計劃以及專業的行銷網路宣傳。

採訪規劃師：吳沛彤 / Penny

喜歡冥想，覺得人生就是一場修行，裹著年輕軀殼的老靈魂

點子很多，雖然常被覺得天馬行空，主要開發各種產業並找到企業的特色與價值，每天都在發想如何幫助企業主結合群眾與青年力量達到更有效益的資源整合，並帶給社會更大的價值。

興趣是結識不同領域的人，在學習與交流的同時能得到更多的想法與啟發。

採訪規劃師：翁若琦 / Lisa

標準哈日族，熱愛看日劇跟去日本樂團的演唱會療癒自己

邀約各種企業家及創業主，有時遇到同溫層的電訪人員會倍感溫馨，希望可以透過工作邀來自己本身也很喜歡的公司或是工作室來到公司分享他們的故事，讓更多人認識他們。

採訪編輯：李佩容 / Flora

中二病治不好

採訪、挖掘創業家們埋藏在心深處的秘密，直播主持，時間控制者，讓大家在有限的時間能最大幅度看見台灣企業優秀的面向。主管傳聲筒，維持編輯部門的愛與和平。ヽ(*´∀`)

採訪編輯：賴薇聿 / Kelly

喜歡研究花跟喜歡各種花語的巨蟹座

正在努力活著的人。邀約企業主跟開放不一樣的客戶，希望他們在這邊都能在這邊順利完成採訪，也喜歡和客戶聊聊天。

採訪編輯：張斐琳 / Willa

喜歡將歡樂帶給身邊的每一個人

利用採訪創業者的時間，快速調整自己的心態與高度，快速的總結出創業者的理念，將創業者最想表達的那一面呈現在影片與書籍中。

聖誕活動&
刺激的交換禮物

歡樂尾牙吃飽飽！

第二期新書發表會
順利落幕~
&
午餐聚會

參考資料

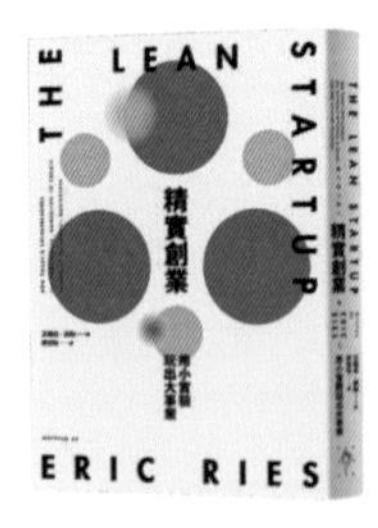

精實創業-用小實驗玩出大事業 The Lean Startup / 設計一門好生意 / 一個人的獲利模式 / 獲利團隊 / 獲利時代-自己動手畫出你的商業模式

網路平台

03
我創業，我獨角。
#精實創業全紀錄 #商業模式全攻略
UNIKORN Startup
聯合推薦
獨角文化・羅芷羚 一 著
NEXT
TAIWAN STARTUP
Exclusive Interview
台灣上市累計預購 6000 冊
電子書版本/Podcast影音同步上市
我創業我獨角
UNIKORN

LIVE
YouTube
iQIYI
TUNE IN
hi
KKbox
SCAN ME

我創業，我獨角 no.3

#精實創業全紀錄,商業模式全攻略

UNIKORN Startup 3

國家圖書館出版品預行編目 (CIP) 資料

我創業，我獨角 . no.3 : # 精實創業全紀錄，商業模式全攻略 = UNIKORN startup. 3 / 羅芷羚 (Bella Luo) 作 . -- 初版 . -- 臺中市 : 獨角國際傳媒事業群獨角文化出版 : 享時空間控股股份有限公司發行，2021.08
面；　公分
ISBN 978-986-99756-2-9(平裝)

1. 創業 2. 企業經營 3. 商業管理 4. 策略規劃

494.1　　110010491

作者—獨角文化 - 羅芷羚 Bella Luo
採訪編輯—李佩容 Flora、張斐琳 Willa、賴薇聿 Kelly
文字編輯—蔡孟璇 Lamber、胡秀娟 Hazel
監製—羅芷羚 Bella Luo
美術設計—許惠雯 Dory
內文排版—許惠雯 Dory
影音媒體—李孟蓉 Gina
採訪規劃—吳淑惠 Sandy、翁若琦 Lisa、吳沛彤 Penny、張斐琳 Willa、賴薇聿 Kelly
發行人—廖俊愷 Andy Liao
出版—獨角國際傳媒事業群 - 獨角文化
台中市西屯區市政路 402 號 5 樓之 6
電話—(04)3707-7353
e-mail—hi@unikorn.cc
發行—享時空間控股股份有限公司
台中市西屯區市政路 402 號 5 樓之 6
電話—(04)3707-7357
e-mail—hi@sharespace.cc
法律顧問—閻維浩律師事務所
著作權顧問—閻維浩律師
總經銷—白象文化事業有限公司

製版印刷 初版 1 刷 2021 年 10 月初版